机械设备维护与检测

JIXIE SHEBEI WEIHU YU JIANCE

主　　编　陆乔存

副主编　乔　兵

参　　编　肖建华　王梦华

主　　审　邓开陆　刘建喜

重庆大学出版社

内容提要

本书共设置3个学习任务,16个学习活动。任务一主要讲述了CA6140车床的维护保养;任务二主要讲述了故障检测技术及应用;任务三主要讲述了设备维护管理与修理制度。

本书可作为职业教育机械类专业教材,也可作为社会培训以及机械类工作人员的学习资料。

图书在版编目(CIP)数据

机械设备维护与检测/陆乔存主编.—重庆:重庆大学出版社,2014.8(2023.1重印)
国家中等职业教育改革发展示范学校建设系列成果
ISBN 978-7-5624-8338-0

Ⅰ.①机… Ⅱ.①陆… Ⅲ.①机械设备—检修—中等专业学校—教材 Ⅳ.①TH17

中国版本图书馆CIP数据核字(2014)第153129号

机械设备维护与检测

主　编　陆乔存
副主编　乔　兵
主　审　邓开陆　刘建喜
策划编辑:周　立
责任编辑:文　鹏　　版式设计:周　立
责任校对:贾　梅　　责任印制:张　策
*
重庆大学出版社出版发行
出版人:饶帮华
社址:重庆市沙坪坝区大学城西路21号
邮编:401331
电话:(023) 88617190　88617185(中小学)
传真:(023) 88617186　88617166
网址:http://www.cqup.com.cn
邮箱:fxk@cqup.com.cn(营销中心)
全国新华书店经销
POD:重庆新生代彩印技术有限公司
*
开本:787mm×1092mm　1/16　印张:9.75　字数:243千
2014年8月第1版　2023年1月第3次印刷
ISBN 978-7-5624-8338-0　定价:35.00元

前　言

教学改革的成果最终要以教材为载体进行体现和传播。根据人力资源和社会保障部推进一体化改革的要求,结合国家中等职业学校建设示范校建设和我校承担机械设备维修专业建设任务的要求,我校机械工程系组织编写了机械设备维修专业的配套校本教材:《机械修理工艺与技能训练》《机械装配工艺与技能训练》《典型机械维护与检修》和《机械维护保养与故障诊断》四门课程。

编者在编写前进行了长时间的反复思考,收集了大量关于机械设备现代化维修的理论和实际应用技术,结合学校教学的特点,体现现代机械设备维护的新技术和发展方向,以培养高技能人材为目标,按照职业院校的教学要求和国家推进一体化教学目的和方式进行编写。全书共设置3个学习任务,16个学习活动。每个学习活动设有学习目标、学习准备、学习过程、评价分析等部分,学习活动按工作页的方式进行编排。每个任务基于完整的工作过程,具有理论与实际的融合性、可操作性和可行性。授课教师教学过程中可根据学习层次和教学学时数的情况选择适当任务教学;根据工作页教材的特点,可以补充和删减教学内容,需要准备充分的教学资料。

本教材在编写过程中得到了社会企业的大力支持和共同参与,聘请了一汽红塔的工程师乔兵作为技术指导,并亲自编写了部分活动单元。

本教材由陆乔存、乔兵、肖建华、王梦华编写。其中,陆乔存编写学习任务一,肖建华编写学习任务二中活动1、活动2,乔兵编写了任务二中的活动3、活动4、活动5,王梦华编写学习任务三。陆乔负责全书的组织和统稿。

本书在编写过程中得到了学校各位领导的指导,得到了机械工程教研组其他教师的支持和帮助,得到了一汽红塔企业的大力支持和指导,在此表示衷心感谢。

本书是中等职业学校机械类专业的一体化教学用书。

由于编者水平有限,书中有不妥之处,恳请读者批评指正。

编　者

2014年2月

编审委员会

目　录

学习任务 1

CA6140 车床的维护保养

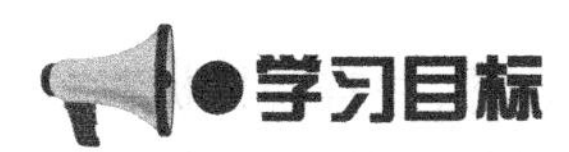

- 能通过查阅资料、咨询相关人员搜索网络信息等方式，获取机械设备的型号、结构、参数、性能等信息，并作记录。
- 能了解各车间或工厂中常用工具、量具、刀具。
- 能认识安全生产警示标识，了解其含义及使用场合。
- 能熟悉 CA6140 的主要结构，了解各部分的名称及功用。
- 能独立完成车床启动前和结束前应做的工作。
- 了解车床润滑和维护保养的重要意义。
- 掌握车床日常润滑部位和注油方式。
- 掌握车床润滑和维护保养的方法。
- 能正确地操作车床。
- 能正确使用水平仪，按技术要求使用水平仪检测、调整车床水平。
- 能遵守用电安全规程和车床安全操作规程，对车床正确通电和开机。
- 能正确检验车床的几何精度，正确分析、处理过程检测数据，正确调整车床。
- 能正确检验车床工作精度，正确分析、处理过程检测数据，提出正确调整车床的方案并实施。
- 能对车床常见机械故障和润滑故障进行检查、分析、调整。
- 能按工作要求穿戴好劳动保护用品。
- 能描述工作场地的安全要求，并按照安全要求做好场地准备工作，严格执行场地安全防护规定。

- 能描述清理场地、归置物品的要求，养成文明生产习惯。

●建议学时

84 学时

●工作情境描述

学校机械加工车间有几台通用车床和铣床运行一段时间后，会出现一些机械故障，且机械加工精度降低，影响车间的正常工作。现需对这几台机械设备检测，找出故障原因，通过调整或修理，恢复其性能，并通过设备的检测调整工作，教给设备操作人员日常维护保养和一级维护保养的方法，延长机器使用寿命。

●工作流程与活动

通过对机械设备性能、结构的了解分析，操作方法及工艺范围的熟悉，并查阅机械设备的作用说明书、机械设备的检验精度标准、机械设备的结构原理图等相关资料，准备好所需的工具，按车间管理制度和安全文明生产的要求对设备进行擦拭、润滑，并开动设备以检查、分析机械故障，并检测其几何精度和工作精度，对常见的故障进行调整等一级维护保养，对重大故障提出修理建议。

学习活动 1.1	参观实训车间　熟悉机械设备	6 学时
学习活动 1.2	认识车床　了解车床主要结构	4 学时
学习活动 1.3	车床的润滑和日常维护保养	6 学时
学习活动 1.4	车床的操作训练	6 学时
学习活动 1.5	车床的水平调整和几何精度检测	30 学时
学习活动 1.6	车床的工作精度检测	20 学时
学习活动 1.7	车床常见机械运转故障和润滑故障的检测与调整	12 学时

学习活动1.1 参观实训车间 熟悉机械设备

学习目标

● 能通过查阅资料、咨询相关人员搜索网络信息等方式，获取机械设备的型号、结构、参数、性能等信息，并作记录。

● 能了解各车间或工厂中常用工具、量具、刀具。

● 能了解参观车间或工厂的管理规章制度和安全文明生产要求。

● 能认识安全生产警示标识，了解其含义及使用场合。

● 能制定计划，组织团队有目的、有组织、有次序地进行参观实训。

建议学时

6学时

图1-1-1 机加工车间

学习准备

劳保用品，笔记本、写字笔、照相机。

学习过程

1. 在教师指导下填写参观纪律及安全文明要求。

①按要求穿戴好劳保用品；

②带好自己的必备工具；

③按时完成各项工作任务；

④注意保持场地清洁卫生；

⑤注意保证不影响他人正常工作；

⑥注意文明用语，虚心向教师和相关人员请教。

2. 按参观流程和内容及人员数量合理对人员进行分组(表 1-1-1)。

表 1-1-1　小组分工

序号	组员姓名	组员分工	备注
1			组长
2			
3			
4			
5			
6			

3. 看图填写在参观中所见到的机械设备及其作用(表 1-1-2)。

表 1-1-2　参观到的设备

图例	设备名称	型号	用途	备注

续表

图例	设备名称	型号	用途	备注

4. 查阅相关资料，说出车床型号 CA6140 的含义：C 表示__________，A 表示__________，6 表示__________，1 表示__________，40 表示__________。铣床型号 X5032：X 表示__________，5 表示__________，0 表示__________，32 表示__________。

5. 抄写机加工车间管理规章制度。

6. 抄写车床安全文明操作规程。

7. 抄写铣床安全文明操作规程。

8. 认识图 1-1-2 所示的安全生产警示标识，写出其含义，并在车间中找到这些标识所在的位置；再用手机拍下车间中其他安全生产警示标识，然后以简图形式整理在下面，说一说它们的含义及适用场合。（提示：至少找到 3 个标识）

图 1-1-2　安全生产警示标识

评价与分析

学习活动过程评价表

<table>
<tr><td>班级</td><td></td><td>姓名</td><td></td><td>学号</td><td></td><td>日期</td><td>年　月　日</td></tr>
<tr><td>序号</td><td colspan="4">评价要点</td><td>配分</td><td>得分</td><td>总评</td></tr>
<tr><td>1</td><td colspan="4">正确填写设备名、型号、用途</td><td>25</td><td></td><td rowspan="8">A○(86～100)
B○(76～85)
C○(60～75)
D○(60 以下)</td></tr>
<tr><td>2</td><td colspan="4">查阅资料写出车床铣床型号含义</td><td>15</td><td></td></tr>
<tr><td>3</td><td colspan="4">抄写车间管理制度</td><td>10</td><td></td></tr>
<tr><td>4</td><td colspan="4">抄写车床安全文明操作规程</td><td>10</td><td></td></tr>
<tr><td>5</td><td colspan="4">抄写铣床安全文明操作规程</td><td>10</td><td></td></tr>
<tr><td>6</td><td colspan="4">说出安全生产警示标识的含义</td><td>20</td><td></td></tr>
<tr><td>7</td><td colspan="4">遵守实训纪律，工作态度积极</td><td>10</td><td></td></tr>
<tr><td>8</td><td colspan="4"></td><td></td><td></td></tr>
<tr><td>小结建议</td><td colspan="7"></td></tr>
</table>

学习活动1.2 认识车床 了解CA6140主要结构

学习目标

- 能了解车床的主要工艺范围。
- 能熟悉CA6140的主要结构,了解各部分的名称及功用。
- 能对CA61410的传动系统进行分析。
- 能了解其他车床。

建议学时

4学时

学习准备

GB/T 4020—1997,GB 50271—2009,车床安全操作规程,CA6140车床使用说明书、教材,劳保用品。

学习过程

(1)查阅机制工艺写出图1-2-1所示车削的主要加工内容。

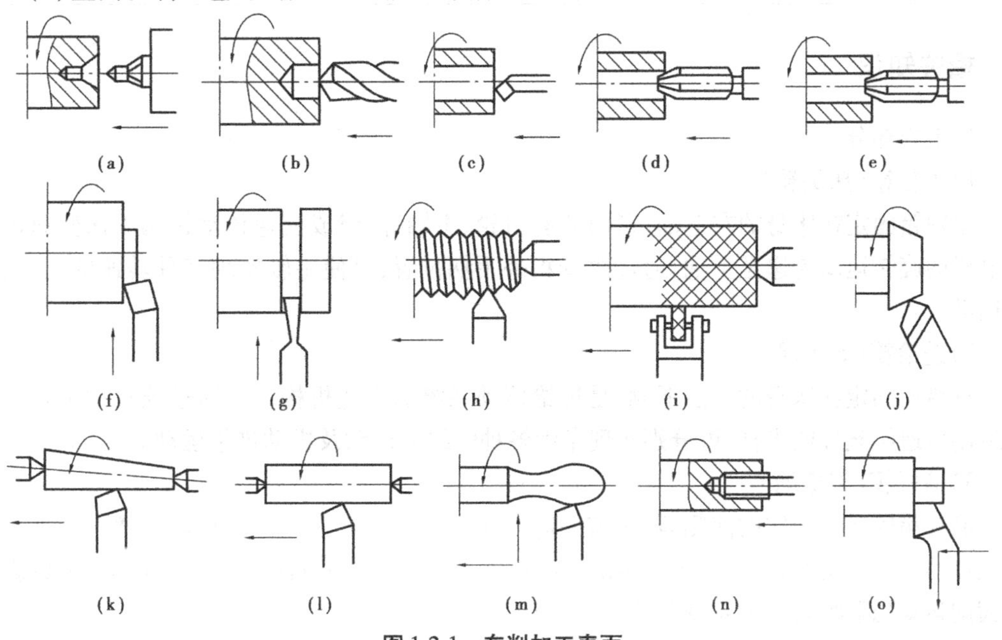

图1-2-1 车削加工表面

(a)________ (b)________ (c)________
(d)________ (e)________ (f)________
(g)________ (h)________ (i)________
(j)________ (k)________ (l)________
(m)________ (n)________ (o)________

(2)填出图 1-2-2 所示 CA6140 车床各部分的名称。

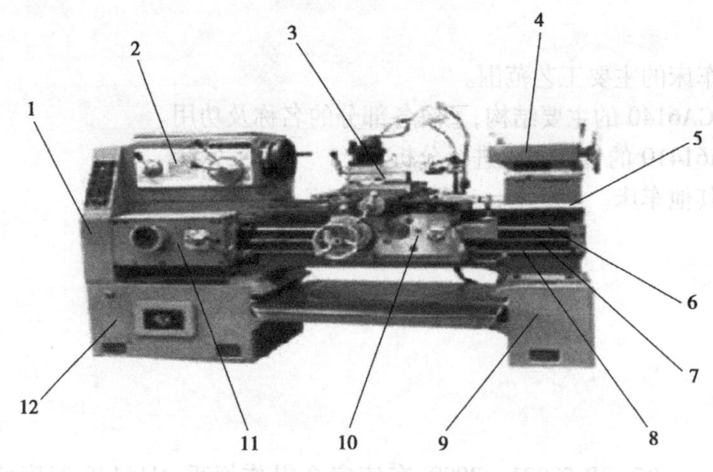

图 1-2-2 CA6140 车床

1—________ 2—________ 3—________
4—________ 5—________ 6—________
7—________ 8—________ 9—________
10—________ 11—________ 12—________

相关知识

1. 组成部分

1)主轴箱(床头箱)

主轴箱固定在床身的左上部,箱内装有齿轮、主轴等,组成变速传动机构。该变速机构将电机的旋转运动传递至主轴,通过改变箱外手柄位置,可使主轴实现多种转速的正、反旋转运动。

2)进给箱(走刀箱)

进给箱固定在床身的左前下侧,是进给传动系统的变速机构。它通过挂轮把主轴的旋转运动传递给丝杠或光杠,可分别实现车削各种螺纹的运动及机动进给运动。

3)溜板箱(拖板箱)

溜板箱固定在床鞍的前侧,随床鞍一起在床身导轨上作纵向往复运动。通过它把丝杠或光杠的旋转运动变为床鞍、中滑板的进给运动。变换箱外手柄位置,可以控制车刀的纵向或横向运动(运动方向、起动或停止)

4)挂轮箱

挂轮箱装在床身的左侧。其上装有变换齿轮(挂轮),它把主轴的旋转运动传递给进给箱,调整挂轮箱上的齿轮,并与进给箱内的变速机构相配合,可以车削出不同螺距的螺纹,并满足车削时对不同纵、横向进给量的需求。

5)刀架部件

刀架部件由两层滑板(中、小滑板)、床鞍与刀架体共同组成,用于安装车刀并带动车刀作纵向、横向或斜向运动。

6)床身

床身是精度要求很高的带有导轨(山形导轨和平导轨)的一个大型基础部件,用以支承和连接车床的各个部件,并保证各部件在工作时有准确的相对位置。床身由纵向的床壁组成,床壁间有横向筋条用以增加床身刚性。床身固定在左、右床腿上。

7)床脚

前后两个床脚分别与床身前后两端下部连为一体,用以支撑安装在床身上的各个部件。同时,通过地脚螺栓和调整垫块使整台车床固定在工作场地上,通过调整,能使床身保持水平状态。

8)尾座

尾座是由尾座体、底座、套筒等组成的。它安装在床身导轨上,并能沿此导轨作纵向移动,以调整其工作位置。尾座上的套筒锥孔内可安装顶尖、钻头、铰刀、丝锥等刀、辅具,用来支承工件、钻孔、铰孔、攻螺纹等。

9)丝杠

丝杠主要用于车削螺纹。它能使拖板和车刀按要求的速比作很精确的直线移动。

10)光杠

光杠将进给箱的运动传递给溜板箱,使床鞍、中滑板作纵向、横向自动进给。

11)操纵杆

操纵杆是车床的控制机构的主要零件之一。操纵杆的左端和溜板箱的右侧各装有一个操纵手柄,操作者可方便地操纵手柄以控制车床主轴的正转、反转或停车。

12)冷却装置

冷却装置主要通过冷却泵将箱中的切削液加压后喷射到切削区域,降低切削温度,冲走切屑,润滑加工表面,以提高刀具的使用寿命和工件表面的加工质量。

2. 对 CA6140 车床进行传动分析

(1)车床的主运动是:

(2)车床的进给运动是:

(3)根据 CA6140 车床的传动系统图(图 1-2-3)及传动结构式计算车床主轴有几级转速,并计算出最高转速及最低转速。

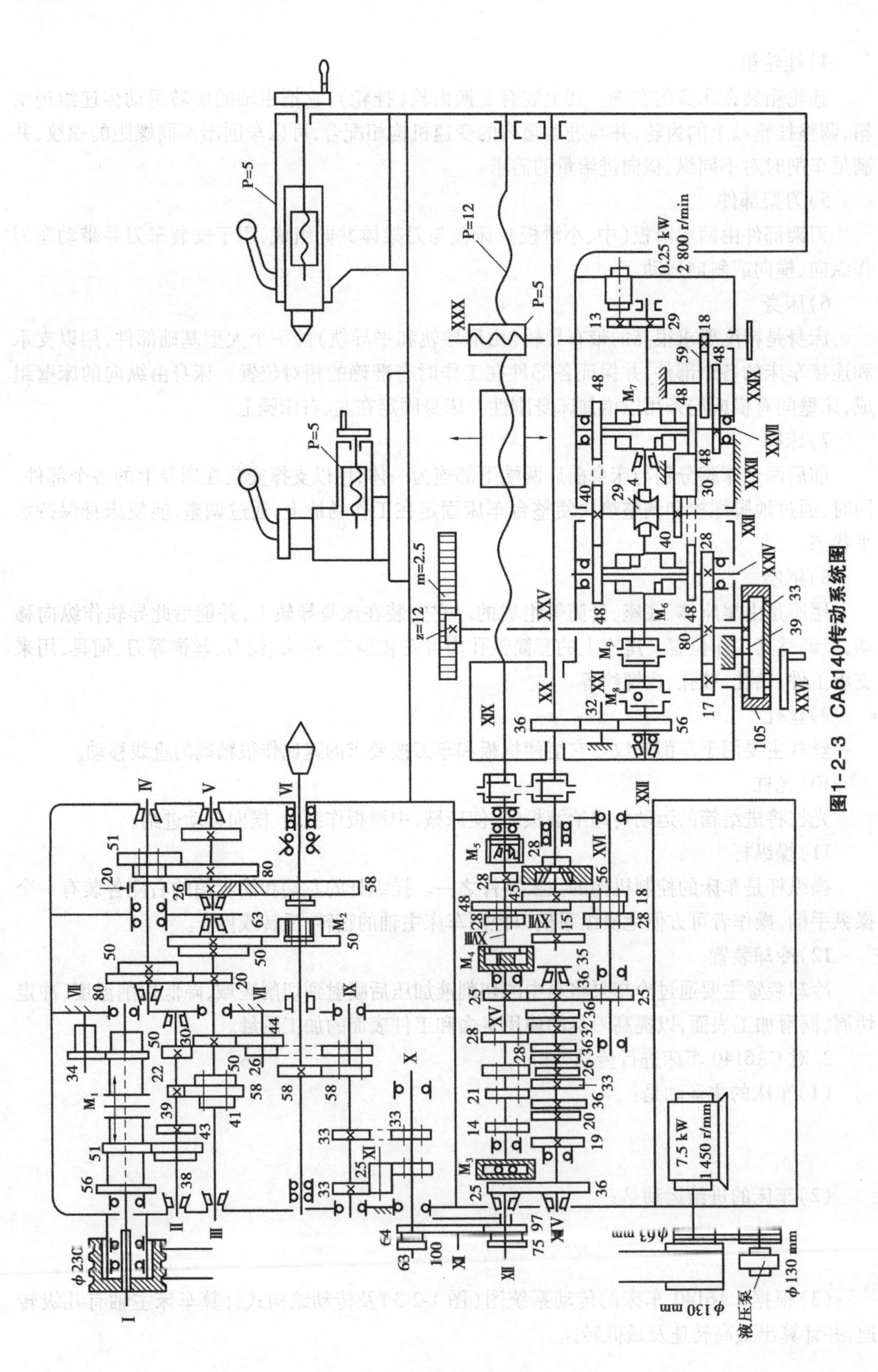

图1-2-3 CA6140传动系统图

CA6140 普通车床的主运动传动路线表达式为:

$$\text{电动机}\begin{pmatrix}7.5\ \text{kw}\\ 1\,450\ \text{r/min}\end{pmatrix}\rightarrow\frac{\phi130}{\phi230}\rightarrow \text{I}$$

$$-\left\{\begin{array}{l} M_1\ \text{左}\rightarrow\left\{\begin{array}{c}\frac{56}{38}\\ \frac{51}{43}\end{array}\right\}\rightarrow \\ M_1\ \text{右}\rightarrow\frac{50}{34}\rightarrow\text{VII}\rightarrow\frac{34}{30}\end{array}\right\}\rightarrow\text{II}\rightarrow\left\{\begin{array}{c}\frac{39}{41}\\ \frac{30}{50}\\ \frac{22}{58}\end{array}\right\}\rightarrow\text{III}\rightarrow$$

$$\left\{\begin{array}{l}\left\{\begin{array}{c}\frac{20}{80}\\ \frac{50}{50}\end{array}\right\}\rightarrow\text{IV}\rightarrow\left\{\begin{array}{c}\frac{20}{80}\\ \frac{51}{50}\end{array}\right\}\rightarrow\text{V}\rightarrow\frac{26}{58}\rightarrow M_2\\ \qquad\qquad\rightarrow\frac{63}{50}\rightarrow\end{array}\right\}\rightarrow\text{VI}(\text{主轴})$$

3. 了解其他车床设备,你能说出下列车床名称吗?

C5231

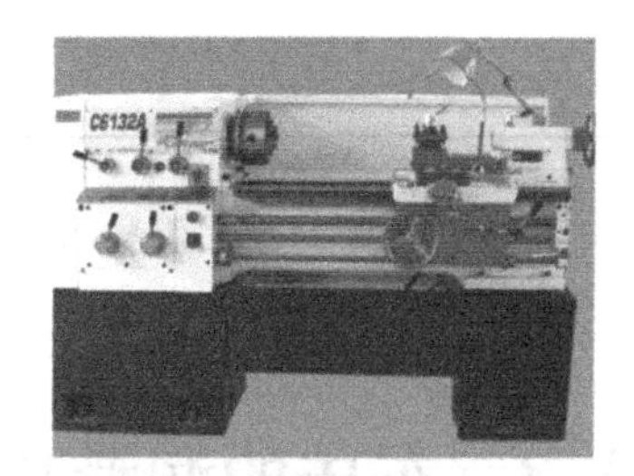

C6132A

CW2000

CK6132A

转塔车床

C6163A

图 1-2-4

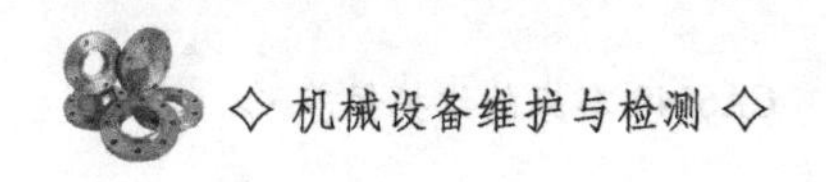

评价与分析

学习活动过程评价表

<table>
<tr><td>班级</td><td></td><td>姓名</td><td></td><td>学号</td><td></td><td>日期</td><td>年　月　日</td></tr>
<tr><td>序号</td><td colspan="4">评价要点</td><td>配分</td><td>得分</td><td>总评</td></tr>
<tr><td>1</td><td colspan="4">能正确填写车削工艺范围</td><td>15</td><td></td><td rowspan="8">A○(86～100)
B○(76～85)
C○(60～75)
D○(60 以下)</td></tr>
<tr><td>2</td><td colspan="4">能知道 CA6140 各组成部分</td><td>25</td><td></td></tr>
<tr><td>3</td><td colspan="4">读识机床传动系统图,并计算出转速</td><td>40</td><td></td></tr>
<tr><td>4</td><td colspan="4">了解其他车床</td><td>10</td><td></td></tr>
<tr><td>5</td><td colspan="4">遵守实训纪律,工作态度积极</td><td>10</td><td></td></tr>
<tr><td>6</td><td colspan="4"></td><td></td><td></td></tr>
<tr><td>7</td><td colspan="4"></td><td></td><td></td></tr>
<tr><td>8</td><td colspan="4"></td><td></td><td></td></tr>
<tr><td>小结建议</td><td colspan="7"></td></tr>
</table>

学习活动 1.3　车床的润滑及日常维护

学习目标

- 能独立完成车床启动前和结束前应做的工作。
- 了解车床润滑和维护保养的重要意义。
- 掌握车床日常润滑部位和注油方式。
- 掌握车床润滑和维护保养的方法。

建议学时

6 学时

学习准备

棉纱,油枪,油壶,油桶,2 号钙基润滑脂(黄油),L-AN46 全损耗系统用油等(图 1-3-1)。

图 1-3-1　加油工具

学习过程

1. 熟记车床安全文明生产规程

(1)启动车床前应做的工作:

①检查车床各部分机构及防护设备是否完好。

②检查各手柄是否灵活,其空挡或原始位置是否正确。

③检查各注油孔并进行润滑。

④使主轴低速空转 2 ~3 min,待车床运转正常后才能工作。

(2)主轴变速必须先停机,变换进给箱手柄应在低速或停机状态进行。

(3)工具、夹具及量具等工艺装备的放置要稳妥、整齐、合理,有固定的位置,便于操作时取用,用后应放回原处。主轴箱盖上不应放置任何物品。

(4)工具箱应分类摆放物件。

(5)正确使用和爱护量具。

(6)不允许在卡盘及床身导轨上敲击或校直工件,床面上不准放置工具或工件。装夹、找正较重工件时,应用木板保护床面。下班时若工件不卸下,应用千斤顶支撑。

(7)车刀磨损后,应及时刃磨。

(8)对批量生产的零件,首件应送检。确认合格后,继续加工。精车完的工件要注意防锈处理。

(9)毛坯、半成品和成品应分开放置。

(10)图样、工艺卡片应放置在便于阅读的位置,并注意保持其清洁度和完整度。

(11)使用切削液前,应在床身导轨上涂润滑油。若车削铸铁或气割下料的工件应擦去导轨上的润滑油。铸件上的型砂、杂质应尽量去除干净,以免损坏床身导轨面。切削液应定期更换。

(12)工作场地周围应保持清洁整齐,避免堆放杂物,防止绊倒人员。

(13)结束操作前应做的工作:

①将所用过的物件擦净归位。

②清理机床，刷去切屑，擦净机床各部位的油污；按规定加注润滑油。

③将床鞍摇至床尾一端，各转动手柄放到空挡位置。

④把工作场地打扫干净。

⑤关闭电源。

2. 准备加注润滑油工具

(1)油桶

图 1-3-2

(2)油壶

图 1-3-3

(3)压杆式油枪

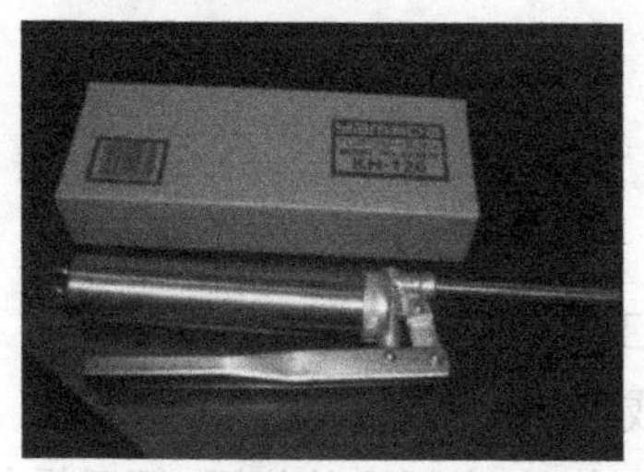

图 1-3-4

(4)手推式油枪

图 1-3-5

3. 准备润滑材料，学习相关知识

(1)L-AN46 全损耗系统用油

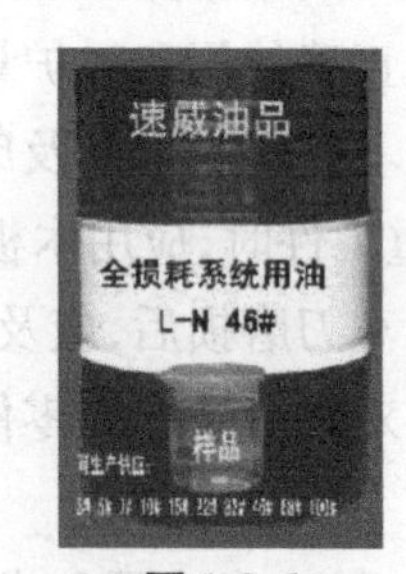

图 1-3-6

(2)2 号钙基润滑脂

图 1-3-7

相关知识

1. 润滑材料

常用润滑材料按其形态一般分为润滑油、润滑脂和固体润滑剂三大类。

1)润滑油

根据用途通常可以把润滑油分为十大类,这里介绍常用的齿轮油、轴承油、传动机构用油和工艺润滑油。

(1)齿轮油

按国家标准 GB/T 7631. 7—1995 将工业齿轮油分为两大类,即闭式齿轮润滑油和开式齿轮润滑油。

①闭式齿轮油的黏度等级按 GB/T 3141—1994 分级。质量分级如下:

a. CKB 齿轮油:是精制矿油,加有抗氧防腐和抗泡添加剂,用于轻负荷运转的齿轮。

b. CKC 齿轮油:是在 CKB 油中加有极压抗磨添加剂,用于保持在正常或中等恒定油温和重负荷下运转的齿轮。

c. CKD 齿轮油:是在 CKC 油中加有提高热氧化稳定性的添加剂,用于较高的温度和重负荷下运转的齿轮。

d. CKE 齿轮油:具有较低的摩擦因数,用于蜗杆传动。

②开式齿轮油质量分级如下:

a. CKH 齿轮油:含有沥青的抗腐蚀性产品,用于中等环境温度和轻负荷下运转的齿轮。

b. CKJ 齿轮油:是在 CKH 油中加有极压抗磨剂,用于重负荷下运转的齿轮。

c. CKL 齿轮润滑剂:是具有极压抗磨、抗腐并且耐温性好的润滑脂,用于更高环境温度和重负荷下运转的齿轮。

d. CKM 齿轮润滑剂:加有改善抗擦伤性的添加剂,允许在极压条件下使用,用于特殊重负荷下运转的齿轮,间断涂抹。

我国已制定出工业闭式齿轮油的质量国家标准 GB/T 7631.7—1995。

(2)轴承油

轴承油主要用于滑动轴承。这类油要求黏度稳定,长期运行有一定的防腐性能。它是用高度精制的矿物油为基础油,黏度指数在 90 以上,添加有抗氧、抗泡剂以及适量的油性剂。

①轴承油。轴承油质量指标 SH/T 0017—1990, FC 为抗氧防锈型,FD 加有抗磨添加剂,可以用于机床的主轴轴承,2 ~5 号常用于高速磨头。

②汽轮机油。汽轮机油主要用于透平机的轴承润滑系统又叫透平油,是用高精制的矿物作基础油,添加抗氧防锈剂调配而成。我国已制订出国家标准 C1311120—1989, TSA 汽轮机油,有 4 个黏度,68 号及 46 号汽轮机油常用于高速线材轧机的油膜轴承。46 号汽轮机油常用于大型电动机轴承。

③油膜轴承油。这是一种精制程度很高的较高黏度的矿物油,加有抗氧、防锈、抗泡添加剂,主要用于轧钢机油膜轴承,所以还要有较好的抗乳化性能。

(3)传动机构用油

传动机构用油主要用于联轴节、开式齿轮、链条、钢丝绳等传动机构。这类油有共同的特点,都要求有较好的黏附性,抗磨,耐水冲淋,耐温,以及对零件有良好的保护性能。所润滑的机械都比较粗糙,精度要求不高,往往不为人们所重视,但是只要在这些部位正确地使用良好的油品,零件的寿命可以大幅度提高。

①开式齿轮油。我国制定的相应行业标准为 SH/T 0363—1992 普通开式齿轮油,该标准规定了以矿物油馏分油为基础油,加有防锈剂及适量的沥青质制成的非稀释型普通开式齿轮油的技术条件。这种油也可以用于链条及联轴节。

②钢丝绳油。钢丝绳受拉力运行时,钢丝与钢丝之间要发生磨擦,钢丝绳与卷筒之间要发生磨擦,钢丝绳与滑轮之间也要发生磨擦,其结果会使钢丝磨损。当钢丝绳表面的钢丝直径磨损 1/3 时,钢丝就容易折断,每节距的折丝率超过一定的数值时,钢丝绳就不允许再继续使用了,所以钢丝绳必须有良好的润滑状态,才能延长钢丝绳的使用寿命。钢丝绳油除了润滑钢丝外,还要浸润钢丝绳的麻芯,使麻芯饱含润滑油。当钢丝绳受拉力时,麻芯中的油被挤压出润滑钢丝绳。

目前,我国还没有制定出统一的传动机构用油质量规格标准,所以在工作实际中要不断积累经验,按实际情况作好资料收集工作。

(4)工艺润滑油

这类油是生产工艺过程中所使用的润滑油,例如切削刀具、各种模具、在生产产品时所必需的润滑剂。

①切削液。切削液是一种乳化液,80%以上是水,用于金属切削机床,润滑冷却加工刀具,提高加工精度,延长刀具寿命。加工的种类不同,所需要的切削液也不同。切削液的种类繁多,在机械加工中用量也非常大。

②切削油。切削油是一种含有减摩剂的矿物油,用以冷却润滑切削机床及加工刀具。

③冷加工油。冷加工油是一种用于冷加工、无切削加工的润滑剂,如冷拉、冷拔、冷镦等。

④轧制液。轧制液是冷轧薄板用的一种乳化液,应符合冷轧工艺要求,可降低轧件表面粗糙度,延长轧辊寿命,提高产品质量。冷轧薄板的种类很多,所要求的轧制液技术性能也各有不同,但其使用量都比较大。

⑤轧制油。冷轧薄板的厚度在 0.3 mm 以下,称为极薄板,作镀锡板用(马口铁)。对轧制润滑有特殊的要求,必须使用棕榈油。棕榈油在常温下是固体,使用时必须加热熔化,轧制完毕要立即用热水冲洗管路和轧机,操作十分麻烦。现在研究开发出了轧制油,只需改变浓度就可满足任何一种厚度的轧制技术要求,大大简化了操作工艺。

2)润滑脂

滑脂(俗称干油)简单地说就是稠化了的润滑油。它是由稠化剂分散在润滑油中而得到

的半固体状的膏状物质。

润滑脂的品种很多,金属压力加工所需的润滑脂按用途可分为集中润滑系统用脂、灌注式润滑用脂、传动机构用脂及特殊用脂。

(1)集中给脂系统用脂

集中自动或手动给脂系统的润滑脂消耗量最大。我国目前常用的润滑脂类型有以下几种:

①钙基润滑脂。我国制定了国家标准 GB 491—2008,以动、植物脂肪钙皂稠化矿物油而制得的普通钙基脂,适用温度范围为-10～60 ℃。钙基脂含有结合水,当温度达到滴点温度时,结合水流失,钙基脂的结构破坏,丧失了其润滑性能,所以钙基脂的使用温度只能限制在其滴点以下 2°～9°,不能超过 60 ℃。钙基脂的抗水性、压送性很好。1 号、2 号钙基脂广泛应用于轻型设备的手动集中给脂系统。

②压延机润滑脂。压延机润滑脂由钙钠混合皂添加硫化棉籽油稠化 11 号气缸油制成,有良好的压送性、一定的抗水性和一定的抗磨性,广泛应用于轧钢设备的自动集中给脂系统及冶炼设备的集中给脂系统。其缺点是滴点不高、不耐温、遇水容易乳化、黏附性差、抗磨能力不理想。

③极压锂基润滑脂。极压锂基润滑脂由十二羟基硬脂酸锉皂稠化中等黏度矿油、加极压添加剂制成。其压送性较好,滴点较高,耐水性也较好。目前,绝大部分钢铁设备在集中给脂系统中使用极压锂基润滑脂。武钢 1700 轧机自 20 世纪 80 年代起就使用极压锉基润滑脂,已经历三代技术进步,技术性能不断提高,使用效果良好。

④极压复合铝基润滑脂。复合铝基润滑脂除耐水、耐温外,最大的优点是恢复性好。当润滑脂受到高温甚至超过滴点温度时,润滑脂会熔化,但温度下降后润滑脂又能恢复原来的状态,结构并不被破坏,同样能恢复原来的润滑性能。但其储存稳定性不好,容易凝胶。现在经过改造,凝胶现象基本得到解决。

⑤极压聚脲基润滑脂。极压聚脲基润滑脂是有机非皂基润滑脂,用芳基聚四脉稠化的润滑脂,其滴点高,耐水性好,抗氧化稳定性好,耐用寿命长,在钢铁表面上的附着力强,是高温部件理想的润滑脂,虽然价格较高,但总体经济效益较好。

(2)灌注式润滑用脂

主要应用于滚动轴承的灌注式润滑,用量最大的是中、小型电动机的滚动轴承以及行走机构的车轮轴承。加脂周期一般都很长,至少一个月,长的达三年,因此消耗量不大。这种脂要求应具有良好的机械稳定性、氧化安定性;高温环境使用时要求耐温性好;潮湿环境使用时要求抗水性好。金属压力加工使用的主要润滑脂类型有以下几种:

①滚珠轴承润滑脂。滚珠轴承润滑脂是用蓖麻油钙钠混合皂稠化中等黏度矿油(46—68 号)制成的润滑脂。其机械稳定性较好,适用于一般电动机轴承。

②通用锂基润滑脂。这种润滑脂的抗氧化安定性、耐温性、耐水性都比较好。如果用十二羟基硬脂酸锂基皂作稠化剂,制脂工艺掌握恰当,其机械稳定性是很理想的。它的基础油是中等黏度矿油,一般不用于重负荷的部件。通用锂基润滑脂的技术指标可参看国标 GB

7324—1994。

③轧辊轴承润滑脂。轧辊轴承润滑脂由复合锉皂稠化高黏度的矿油制成，加有适当的极压剂，主要用于轧钢机轧辊辊颈四列圆锥滚子轴承。在承受冲击载荷的工作条件下，要求该脂耐温、耐水、抗磨；用于冷轧机时还要求用耐乳化轧制液冲淋。目前尚未建立统一的技术标准。

④齿轮箱润滑脂。齿轮箱润滑脂是由铝基脂或锂基脂制成的0号或00号润滑脂，再加入2%左右的 MoS_2 粉调配制成均匀的半固体状。它主要用于齿轮箱、减速器，使用效果良好，一般要求主动轴转速在1 450 r/min以下。目前尚未建立统一的技术标准。

(3)传动机构用脂

该脂用于传动机构，如开式齿轮、联轴器、链条、钢丝绳等部件。这些机构一般都很粗糙，要求不严，采用一次性全损式润滑，定期涂抹补给，总消耗量不大。目前在这方面用脂很混乱，大部分用脂未达到技术要求。因此，在这里特别强调指出，传动机构用脂应当满足的质量要求是具有良好的抗水淋性、耐磨性、耐温性、防锈性、粘附性，另外要求便于涂抹，通用性好，价格便宜。

(4)特殊用脂

一些高精度的仪表、电子计算机超级轴承、阀门等部件使用的润滑脂，都属于特殊润滑脂。它们具有独特的技术性能，质量要求严格，品种也较多，但其消耗量极微小。

3)固体润滑材料

固体润滑剂的种类很多，但是理想而又优良的并不多。目前专用的较多，通用的较少。常见的固体润滑剂有：石墨及其化合物，金属的硫化物（二硫化钼 MoS_2、二硫化钨 WS_2），金属的氧化物（四氧化三铁 Fe_3O_4，氧化铝 $A1_2O_3$、氧化铅 PbO），金属的卤化物（氯化铁 $FeCl_3$，氯化镉 $CdC1_2$、碘化镉 $Cd1_2$、碘化铅 PbI_2、碘化汞 $Hg1_2$），金属的硒化物（二硒化铌 $NbSe_2$、二硒化钨 WSe_2），软金属（铅 Pb，锡 Sn，铟 In、锌 Zn、银 Ag），塑料（聚四氟乙烯、聚苯、聚乙烯、尼龙-6等），滑石，云母，玻璃粉，氮化硼等。

2.润滑材料的选择

1)滚动轴承润滑油选择

表1-3-1

轴承工作温度/℃	速度因数/(mm·r/min⁻¹)	轻、中负荷		重负荷或冲击负荷	
		适用黏度 50 ℃/($mm^2·s^{-1}$)	适用润滑油的品种和规格	适用粘度 50 ℃/($mm^2·s^{-1}$)	适用润滑油的品种和规格
-30~0	—	10~20	32号轴承油	12~25	32号抗磨液压油
0~60	<15 000	25~40	46号轴承油	40~95	46号抗磨液压油
	15 000~75 000	12~20	32号轴承油	25~50	32号HM油
	75 000~150 000	12~20	32号轴承油	20~25	32号HM油
	150 000~300 000	5~9	7~10号轴承油	10~20	10号轴承油

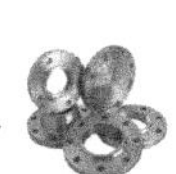

续表

轴承工作温度/℃	速度因数 /(mm · r/min⁻¹)	轻、中负荷		重负荷或冲击负荷	
		适用黏度 50 ℃/($mm^2 \cdot s^{-1}$)	适用润滑油的品种和规格	适用粘度 50 ℃/($mm^2 \cdot s^{-1}$)	适用润滑油的品种和规格
60 ~ 100	<15 000	60 ~ 95	100 号轴承油	100 ~ 150	100 号齿轮油
	15 000 ~ 75 000	40 ~ 65	68 ~ 100 号轴承油	60 ~ 95	68 ~ 100 号齿轮油
	75 000 ~ 150 000	30 ~ 50	46 号轴承油	40 ~ 65	46 ~ 68 号齿轮油
	150 000 ~ 300 000	20 ~ 40	32 号轴承油	30 ~ 50	46 号齿轮油
100 ~ 150	—	13 ~ 16(100 ℃)	150 号轴承油	15 ~ 25(100 ℃)	220 号齿轮油

2)滚动轴承润滑脂选择

表 1-3-2

轴承工作温度 /℃	速度因数 /(mm · r/min⁻¹)	干燥环境	潮湿环境
0 ~ 40	≤80 000	2 号、3 号钠基润滑脂 2 号、3 号钙基润滑脂	2 号、3 号钙基润滑脂
	>80 000	1 号、2 号钠基润滑脂 1 号、2 号钙基润滑脂	1 号、2 号钙基润滑脂
40 ~ 80	≤80 000	3 号钠基润滑脂	3 号锂基润滑脂、钡基润滑脂
	>80 000	2 号钠基润滑脂	2 号合成复合铝基润滑脂
>80,<0	—	锂基润滑脂 合成锂基润滑脂	锂基润滑脂 合成锂基润滑脂

3)轻、中负荷时滑动轴承润滑油选择

表 1-3-3

轴承轴颈的线速度 /(m · s⁻¹)	工作条件:温度 10 ~ 60 ℃,轻、中载荷(轴颈压力<3 MPa)		
	润滑方式	适用黏度 50 ℃ /($mm^2 \cdot s^{-1}$)	适用润滑油的品种与牌号
>9	强制、油浴	4 ~ 15	10 号、15 号、75 号轴承油
9 ~ 5	强制、油杯、油枪	10 ~ 20	15 号、32 号轴承油,32 号汽轮机油
	滴油	25 ~ 30	32 号、46 号轴承油,32、46 号汽轮机油
5 ~ 2.5	强制、油浴、油环	25 ~ 35	32 号、46 号轴承油,46 号汽轮机油
	滴油	30 ~ 35	46 号轴承油,46 号汽轮机油

续表

轴承轴颈的线速度/($m \cdot s^{-1}$)	工作条件:温度10~60 ℃,轻、中载荷(轴颈压力<3 MPa)		
	润滑方式	适用黏度50 ℃/($mm^2 \cdot s^{-1}$)	适用润滑油的品种与牌号
2.5~1.0	强制、油浴、油环	25~40	46号、64号轴承油,46号汽轮机油
	滴油、手浇	25~45	46号、68号轴承油,46号汽轮机油
1.0~0.3	强制、油浴、油环	30~45	46号、68号、100号轴承油,46号汽轮机油
	滴油、手浇	35~45	68号、100号轴承油
0.3~0.1	循环、油浴、油环	40~70	68号、100号、150号轴承油
	滴油、手浇	40~75	
<0.1	循环、油浴、油环	50~90	100号6150号轴承油
	油链	8~10(100 ℃)	
	滴油、手浇	65~100	150号轴承油
		10~20(100 ℃)	100号、150号轴承油

4)中、重负荷时滑动轴承润滑油选择

表1-3-4

轴承轴颈的线速度/($m \cdot s^{-1}$)	工作条件:温度10~60 ℃,中、重载荷(轴颈压力3~7.5 MPa)		
	润滑方式	适用黏度50 ℃/($mm^2 \cdot s^{-1}$)	适用润滑油的品种与牌号
2.0~1.2	循环、油浴、油环	40~50	68号、100号轴承油
	滴油	45~55	
1.2~0.6	循环、油浴、油环	40~70	68号、100号、150号轴承油
	滴油	45~75	
0.6~0.3	循环、油浴、油环	65~75	150号轴承油或工业齿轮油
	滴油、手浇	11~33(100 ℃)	100号轴承油
0.3~0.1	循环、油浴、油环、油链	70~90	150号轴承油
	滴油、手浇	75~100,12~14(100 ℃)	150号轴承油
<0.1	循环、油浴、油环	85~120	150号轴承油,150号齿轮油
	油链	13~15(100 ℃)	150轴承油
	滴油、手浇	15~20(100 ℃)	150号轴承油,220号齿轮油

5)重、特重负荷时滑动轴承润滑油选择

表1-3-5

轴承轴颈的线速度 $/(m \cdot s^{-1})$	工作条件:温度20～80 ℃,中、重载荷(轴颈压力7.5～30 MPa)		
	润滑方式	适用黏度100 ℃ $/(mm^2 \cdot s^{-1})$	适用润滑油的品种与牌号
1.2～0.6	循环、油浴	10～15	150号轴承油
	滴油、手浇	12～18	
0.6～0.3	循环、油浴	15～20	150号汽轮机油
	滴油、手浇	20～25	220号齿轮油
0.3～0.1	循环、油浴	20～30	220号齿轮油
	滴油、手浇	25～35	220号齿轮油
<0.1	循环、油浴	30～40	460号齿轮油
	滴油、手浇	40～50	680号齿轮油

6)滑动轴承润滑脂选择

表1-3-6

单位荷载 /MPa	轴的圆周速度 $/(m \cdot s^{-1})$	最高工作温度 /℃	选用的润滑脂	备　注
<1.0	<1.0	75	3号钙基润滑脂	1.在潮湿,环境温度在75～120 ℃的条件下,应考虑用钙钠基润滑脂 2.在水淋,潮湿和工作温度75 ℃以下,可用铝基润滑脂 3.工作温度在110～120 ℃时也可用锂基或慢基润滑脂 4.干油集中润滑系统给脂时,应选用推入度较大的润滑脂 5.压延机润滑脂冬夏规格可通用
1～6.5	0.5～5	55	2号钙基润滑脂	
>6.5	<0.5	75	3号、4号钙基润滑脂	
1～6.5	0.5～5	120	1号、2号钙基润滑脂	
>6.5	<0.5	110	1号钙钠基润滑脂	
1～6.5	<1.0	50～100	2号锂基润滑脂	
>6.5	约0.5	60	2号压延机润滑脂	

7)闭式齿轮传动润滑油选择

表 1-3-7

<table>
<tr><th rowspan="2">主轴转速
/(r·min⁻¹)</th><th rowspan="2">传递功率
/kW</th><th rowspan="2">润滑方法</th><th colspan="2">减速比 10:1以下</th><th colspan="2">减速比 10:1以上</th></tr>
<tr><th>运动粘度 50 ℃
/(mm²·s⁻¹)</th><th>适用润滑油</th><th>运动粘度 50 ℃
/(mm²·s⁻¹)</th><th>适用润滑油</th></tr>
<tr><td rowspan="4">1 000～2 000</td><td><7.5</td><td rowspan="4">飞溅或循环</td><td>30～45</td><td>49 号机械油
50 号工业齿轮油</td><td>40～60</td><td>50 号机械油
50 号工业齿轮油</td></tr>
<tr><td>7.5～25</td><td>40～70</td><td>50 号机械油
50 号工业齿轮油</td><td>50～80</td><td>50、70 号机械油
50、70 号工业齿轮油</td></tr>
<tr><td>25～40</td><td>60～80</td><td>70 号机械油,11 号气缸油
70 号工业齿轮油</td><td>80～120</td><td>90 号机械油
90、120 号工业齿轮油</td></tr>
<tr><td>>40</td><td>75～95</td><td>70、90 号机械油,11 号气缸油,70、90 号工业齿轮油</td><td>100～150</td><td>120 号、150 号工业齿轮油</td></tr>
<tr><td rowspan="8">300～1 000</td><td rowspan="2"><15</td><td>飞溅</td><td>65～70</td><td>70 号机械油,11 号气缸油
70 号工业齿轮油</td><td>70～80</td><td>70 号机械油,11 号气缸油,70 号工业齿轮油</td></tr>
<tr><td>循环</td><td>40～50</td><td>40 号、50 号号机械油
50 号工业齿轮油</td><td>45～60</td><td>50 号机械油
50 号工业齿轮油</td></tr>
<tr><td rowspan="2">15～40</td><td>飞溅</td><td>70～90</td><td>70、90 号机械油,11 号气缸油,70、90 号工业齿轮油</td><td>80～110</td><td>90 号机械油
90 号工业齿轮油</td></tr>
<tr><td>循环</td><td>50～70</td><td>50、70 号机械油
50、70 号工业齿轮油</td><td>60～90</td><td>70、90 号机械油,11 号气缸油,70、90 号工业齿轮油</td></tr>
<tr><td rowspan="2">40～55</td><td>飞溅</td><td>80～140</td><td>90 号机械油
90、120 号工业齿轮油</td><td>110～200</td><td>20 号齿轮油,24 号气缸油,150、200 号工业齿轮油</td></tr>
<tr><td>循环</td><td>70～90</td><td>70、90 号机械油,11 号气缸油,70、90 号工业齿轮油</td><td>90～130</td><td>90 号机械油
90、120 号工业齿轮油</td></tr>
<tr><td rowspan="2">>55</td><td>飞溅</td><td>140～170</td><td>24 号气缸油,20 号齿轮油
150 号工业齿轮油</td><td>200～260</td><td>30 号齿轮油,28 号轧钢机油,200、250 号工业齿轮油</td></tr>
<tr><td>循环</td><td>90～130</td><td>90 号机械油
120 号工业齿轮油</td><td>130～160</td><td>20 号齿轮油
150 号工业齿轮油</td></tr>
</table>

续表

主轴转速 /(r·min^{-1})	传递功率 /kW	润滑方法	减速比 10:1以下		减速比 10:1以上	
			运动粘度 50 ℃ /(mm^2·s^{-1})	适用润滑油	运动粘度 50 ℃ /(mm^2·s^{-1})	适用润滑油
<300	<22	飞溅	90～110	90 号机械油 90、120 号工业齿轮油	150～180	20 号齿轮油,24 号气缸油,150 号工业齿轮油
		循环	65～80	70 号机械油 70 号工业齿轮油	120～140	20 号齿轮油 120、150 号工业齿轮油
	22～55	飞溅	110～180	24 号气缸油,20 号齿轮油 150 号工业齿轮油	180～260	30 号齿轮油,28 号轧钢机油,200、250 号工业齿轮油
		循环	80～130	90 号机械油 90、120 号工业齿轮油	140～200	30 号齿轮油,24 号气缸油,28 号轧钢机油,200 号、250 号工业齿轮油
	55～90	飞溅	180～210	24 号气缸油,28 号轧钢机油,30 号齿轮油,200 号工业齿轮油	270～320	28 号过热气缸油 250 号工业齿轮油
		循环	130～160	20 号齿轮油 150 号工业齿轮油	220～250	30 号齿轮油,28 号轧钢机油,200 号、250 号工业齿轮油
	>90	飞溅	210～260	28 号轧钢机油,30 号齿轮油,38 号过热气缸油,200 号、250 号工业齿轮油	340～430	52 号过热气缸油 350 号工业齿轮油
		循环	170～200	24 号气缸油,30 号齿轮油,28 号轧钢机油,200 号工业齿轮油	260～300	38 号过热气缸油 250、300 号工业齿轮油

8)开式齿轮传动润滑油、脂选择

表 1-3-8

工作温度 /℃	滴油润滑时适用的润滑油	涂抹润滑时适用的润滑脂
0～30	40 号、50 号机械油	1 号、2 号、3 号钙基润滑脂,2 号铝基润滑脂
30～60	50 号机械油,50 号工业齿轮油	3 号、4 号钙基润滑脂,2 号铝基润滑脂,石墨钙基润滑脂
>60	90 号机械油,90 号工业齿轮油,11 号气缸油	4 号、5 号钙基润滑脂,2 号铝基润滑脂,石墨钙基润滑脂

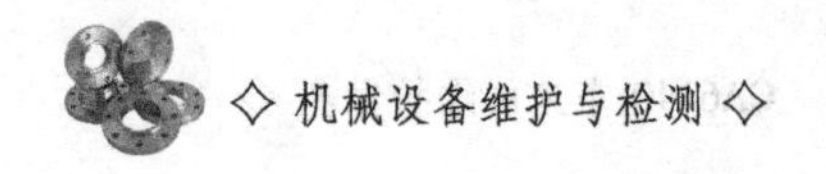

9）起重运输设备润滑材料选择

表 1-3-9

设备名称			适用润滑材料
桥式起重机的大车小车（蜗杆减速器除外）	减速器	起重量<10 t(<50 ℃)	40 号、50 号机械油,50 号工业齿轮油
		10～15 t(<50 ℃)	70 号机械油,70 号工业齿轮油,11 号气缸油
		>15 t(<50 ℃)	70、90 号机械油,70、90 号工业齿轮油,24 号气缸油
		各种起重量(<0 ℃)	50 号机械油,车辆油
		各种起重量(>50 ℃)	38 号、52 号过热气缸油
	滚动轴承	正常温度下	2 号、3 号钙基润滑脂
		高温下	锂基滑润脂,二硫化钼润滑脂
电动、手动起重机，链式起重机，提升机		人工润滑	40 号、50 号机械油
		滚动轴承	2 号、3 号钙基润滑脂
带式、链式、斗式等各种运输机		人工润滑	40 号、50 号机械油
		滚动轴承	2 号、3 号钙基润滑脂
		链索	40 号、50 号机械油
		开式齿轮	石墨钙基润滑脂
卷扬机		滚动轴承	2 号、3 号钙基润滑脂
		滑动轴承	30～70 号机械油

10）钢丝绳润滑材料选择

表 1-3-10

工作条件	使用设备	适用润滑材料
低速、重负荷钢丝绳	起重机、电铲等	38 号过热气缸油，钢丝绳油
高速起重钢丝绳	卷扬机、电梯	11 号、24 号气缸油
高速、重负荷牵引钢丝绳	矿山提升斗车、锅炉运煤车	38 号过热气缸油，钢丝绳油
中高速、轻中负荷牵引钢丝绳	牵扯机、吊货车	11 号、24 号气缸油
无运动、工作在潮湿或化学气体环境中的钢丝绳	支承或悬挂用钢绳	钢丝绳润滑脂

3. 操作步骤

①清洁机床周围环境，擦拭机床表面。

具体步骤：清扫场地——擦洗机床表面——擦拭机床润滑表面（用棉纱擦净小滑板导轨面、中滑板导轨面、尾座套筒表面、尾座导轨面、溜板导轨面）。

②查看机床润滑系统标牌（图 1-3-9）和润滑要求（表 1-3-11），找出机床各润滑点。

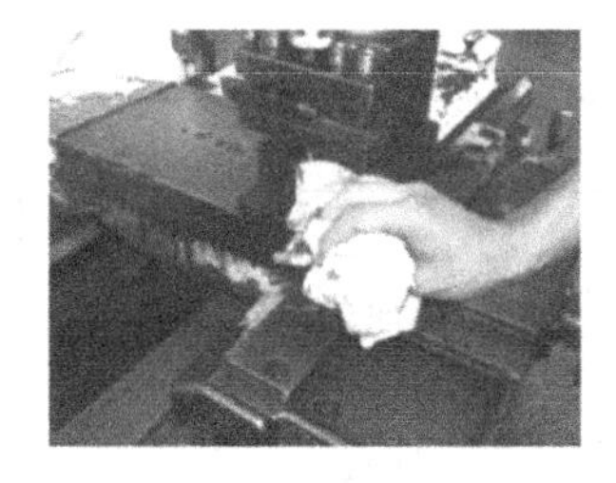

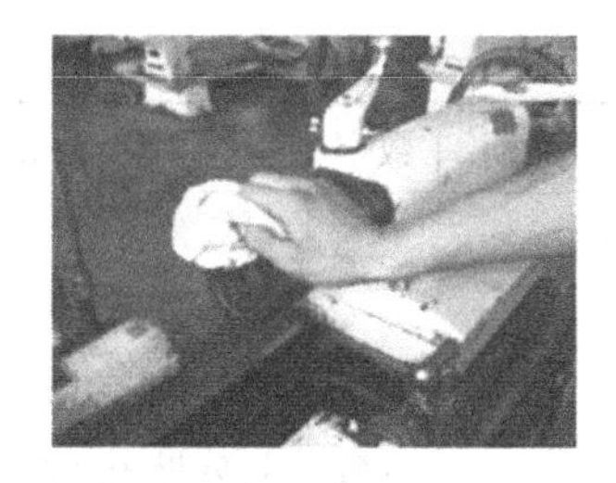

图 1-3-8

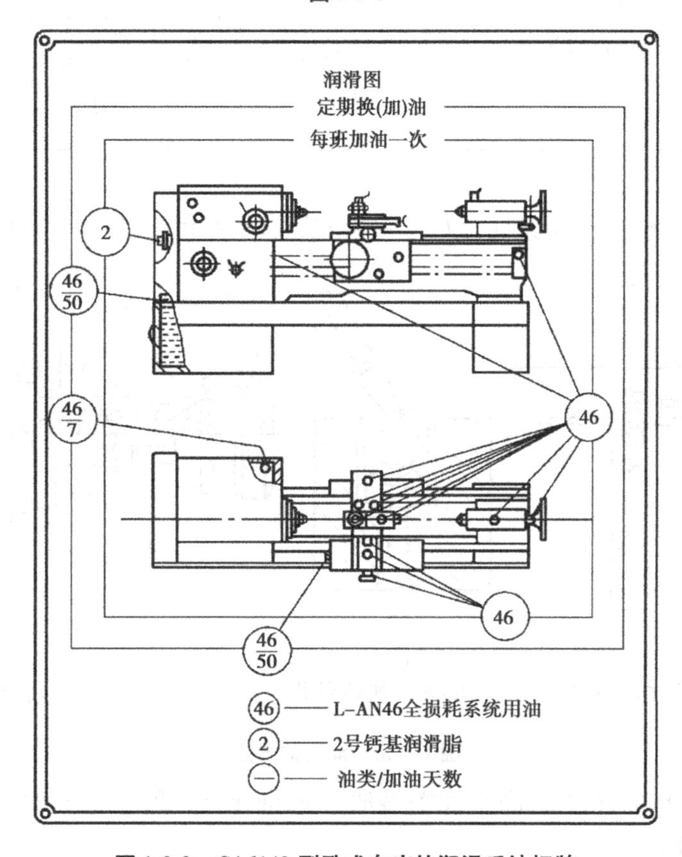

图 1-3-9　CA6140 型卧式车床的润滑系统标牌

表 1-3-11　CA6140 型卧式车床润滑系统的润滑要求

周期	数字	意义	符号	含义	润滑部位	数量
每班	整数形式	引号中数字表示润滑油牌号,每班加油 1 次		用 2 号钙基润滑脂进行脂润滑,每班拧动油杯盖 1 次	交换齿轮箱中的中间齿轮轴	1 处
				使用牌号为 L-AN46 的润滑油(相当于旧牌号的 30 号机械油),每班加油 1 次	多处	14 处

续表

周期	数字	意义	符号	含义	润滑部位	数量
经常性	分数形式	引号中分子表示润滑油牌号,分母表示两班制工作时换(添)油间隔的天数(每班工次时间为8 h)		分子“46”表示使用牌号为L-AN46的润滑油,分母“7”表示加油间隔为7天	主轴箱后面的电器箱内的床身立轴套	1处
				分子“46”表示使用牌号为L-AN46的润滑油,分母“50”表示换油间隔为50~60天。	左床脚内的油箱和溜板箱	2处

③观察每个润滑点,分析其润滑方式及润滑装置,学习相关知识(图1-3-10)。

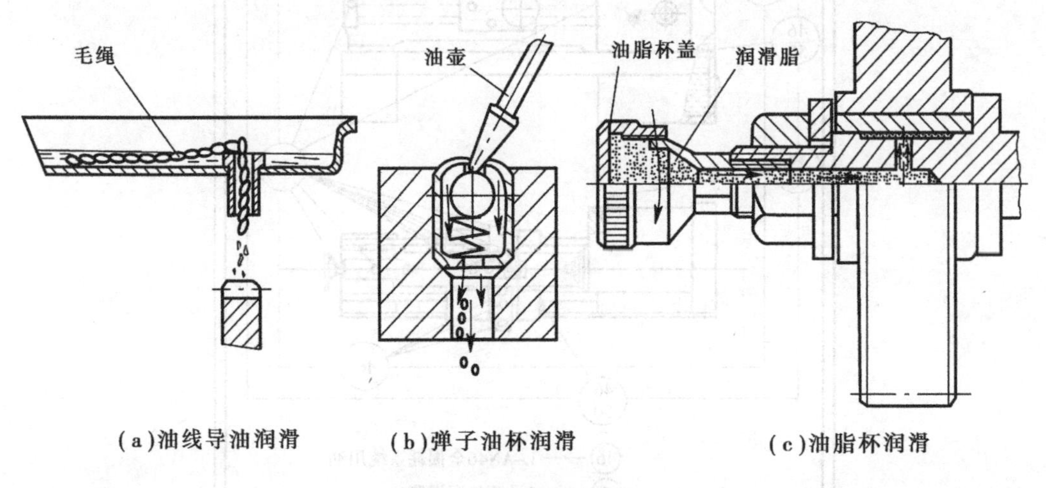

图1-3-10 润滑的方法

CA6140型车床的方式有:浇油润滑;溅油润滑;油绳导油润滑;弹子油杯润滑;油脂杯润滑;油泵循环润滑。

4.润滑方式与装置

1)常用润滑方式

机械设备常用的润滑方式机械设备中采用的润滑方法很多,常用的有以下几种:手注加油润滑;滴油润滑;飞溅润滑;油池润滑;油杯、油链及油轮润滑;油绳、油垫润滑;机械强制送油润滑;油雾润滑;压力循环润滑;集中润滑。

2)常用润滑装置

(1)油环(油环、油轮、油链)(图1-3-11)

油环用于滑动轴承润滑。油环套在旋转的轴颈上随轴而转动,将盛在轴承储油槽内的润滑油带到轴颈顶部后,进入轴承间隙,然后从轴承中流出,又流回储油槽。

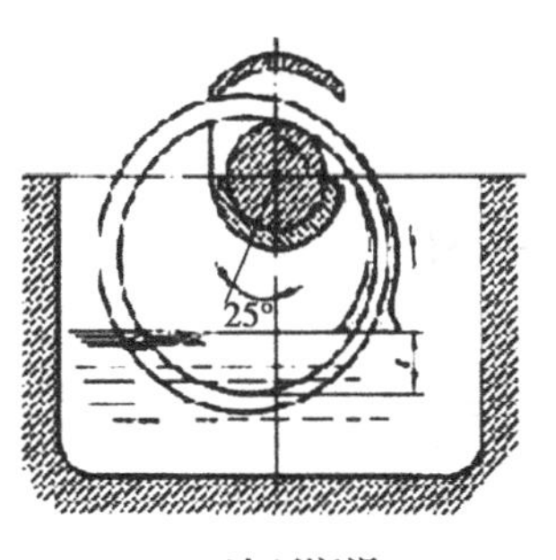

(a)油环润滑

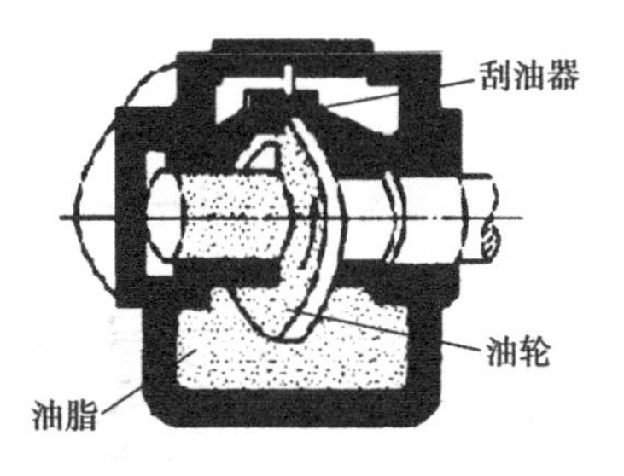

(b)油轮润滑

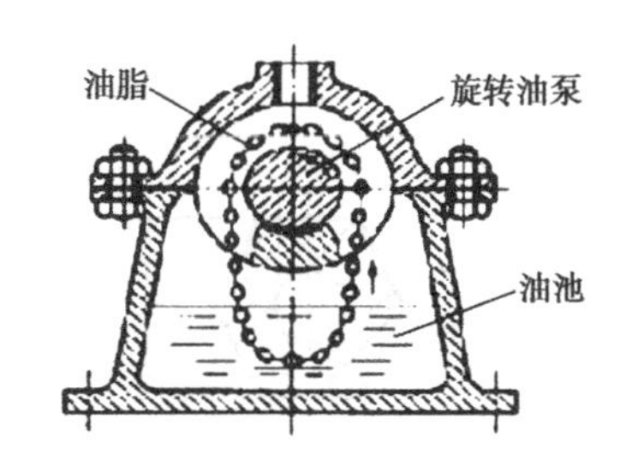

(c)油链润滑

图 1-3-11　油环

(2)油杯

对于不同结构、不同部位、不同工作特点的润滑点,应采用相适应的油杯进行润滑,这是一种简便易行、效果良好的方法。如图 1-3-12 所示,图(a)为直通式压注油杯,图(b)为接头式压注杯,图(c)为旋盖式油杯,图(d)为压配式压注杯,图(e)为旋套式注油杯,图(f)为弹簧盖油杯,图(g)为针阀式油杯。图 1-3-12(a)、(b)、(c)、(d)、(e)五种油杯一般用于低速、轻载和间歇工作的机械或润滑点;(a)、(b)两种油杯主要用于干油润滑;(f),(g)两种油杯一次可注入较多的润滑油,可以在一段时间内维持连续供油,可以用于转速稍高、负载稍大的机械。

(3)集中润滑系统

随着机械化、自动化程度的不断提高,润滑技术由简单到复杂不断更新发展,形成了目前集中润滑系统。集中润滑系统具有明显的优点:可保证数量众多、分布较广的润滑点及时得到润滑,同时将摩擦副产生的摩擦热带走;油的流动和循环将摩擦表面的金属磨粒等机械杂质带走并冲洗干净;能达到润滑良好、减轻摩擦、降低磨损和减少易损件的消耗、减少功率消耗、延长设备使用寿命的目的。但是集中润滑系统的维护管理比较复杂,调整也比较困难。每一环节出现问题都可能造成整个润滑系统的失灵,甚至停产。所以还要在今后的生产实践中不断加以改进。稀油站外形图如图 1-3-13 所示。

(4)写出 CA6140 车床各润滑点(图 1-3-14)的润滑方式、润滑装置、润滑材料及润滑周期。

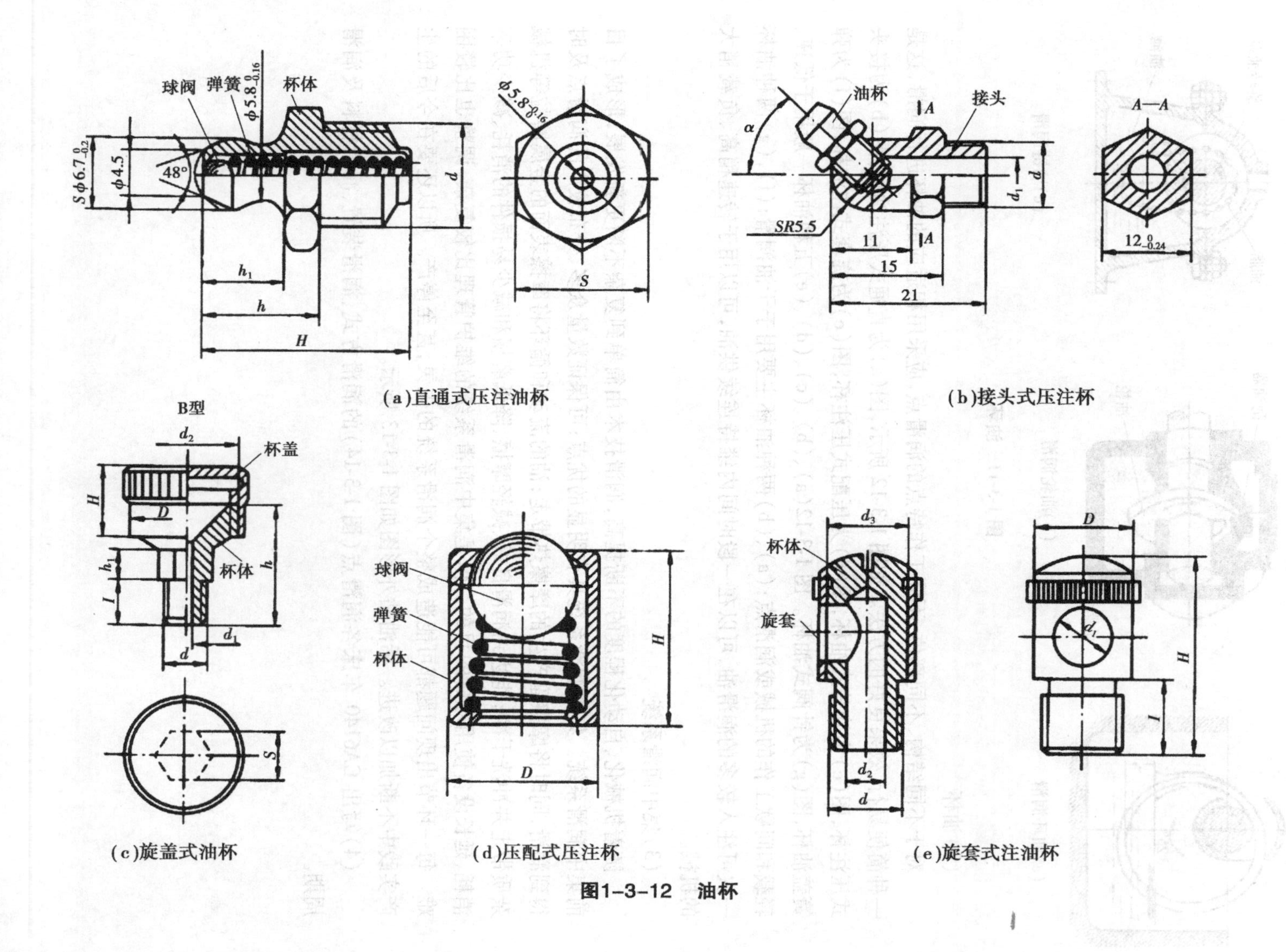

(a)直通式压注油杯

(b)接头式压注杯

(c)旋盖式油杯

(d)压配式压注杯

(e)旋套式注油杯

图1-3-12 油杯

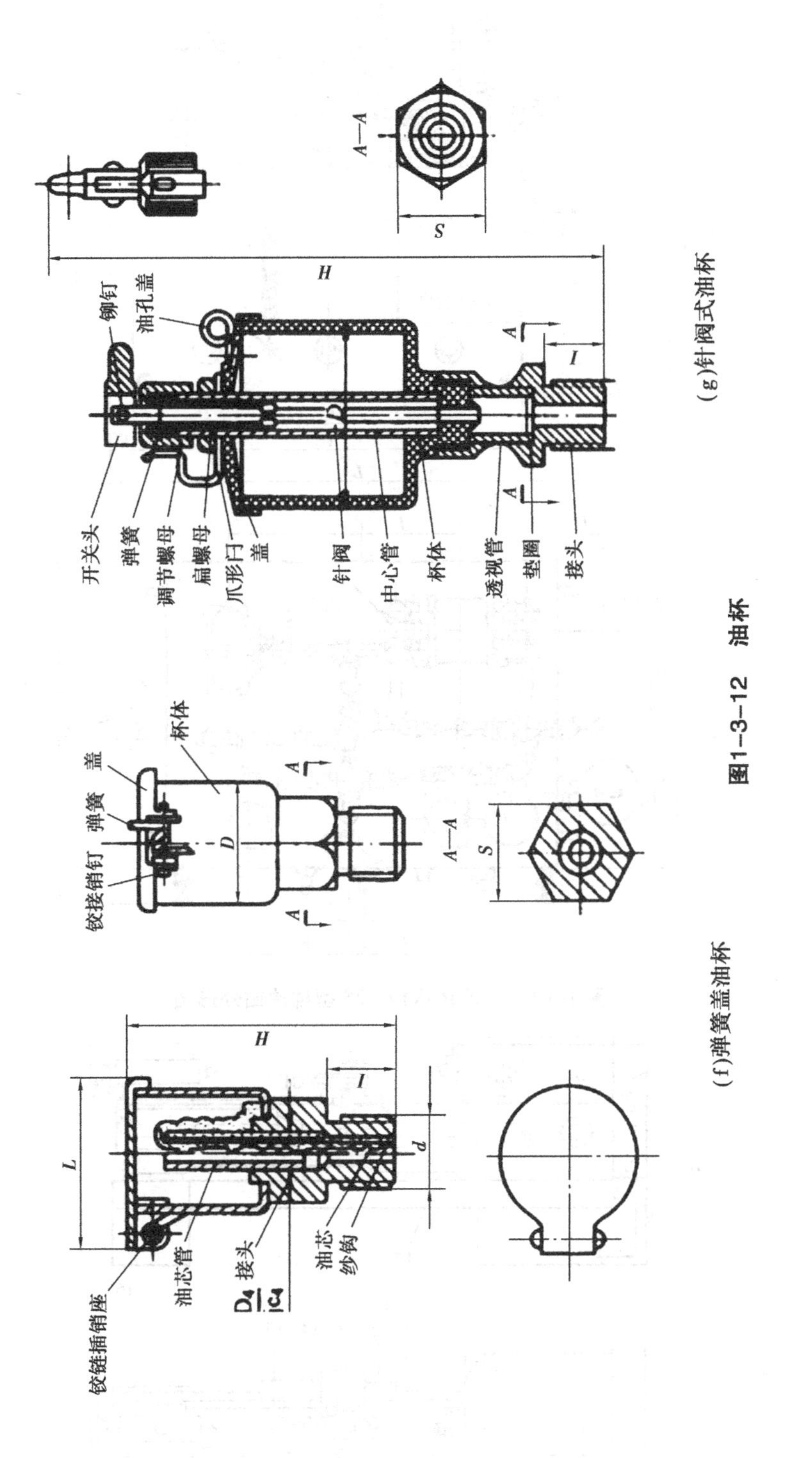

(f)弹簧盖油杯

(g)针阀式油杯

图1-3-12 油杯

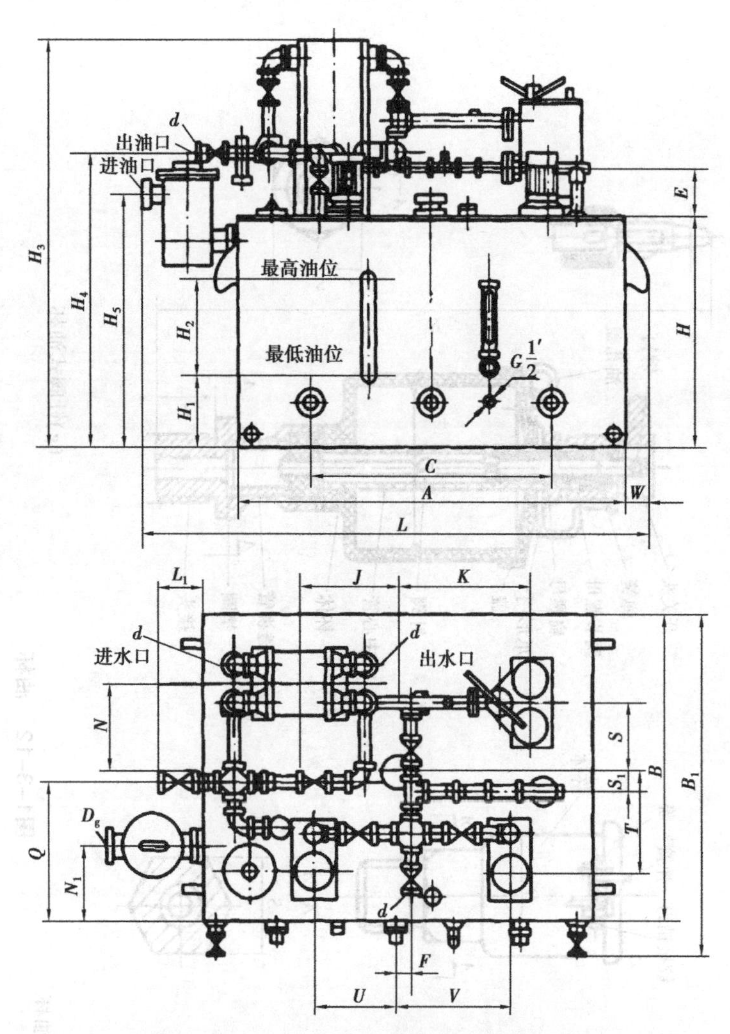

图 1-3-13　YZ-16-XYZ-125 型稀油站外形图

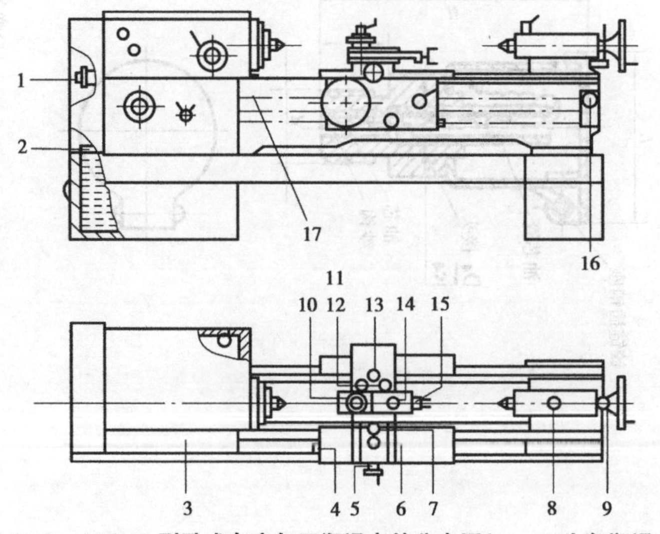
图 1-3-14　CA6140 型卧式车床每天润滑点的分布图(1 ~ 17 为各润滑点)

润滑点	润滑装置	润滑方式	润滑材料	润滑周期
1				
2				
3				
4				
5				
6				
7				
8				
9				
10				
11				
12				
13				
14				
15				
16				
17				

(5)给 CA6140 车床润滑加油。

①主轴箱。

方式:油泵循环润滑和溅油润滑。

润滑油:L-AN46 全损耗系统用油。

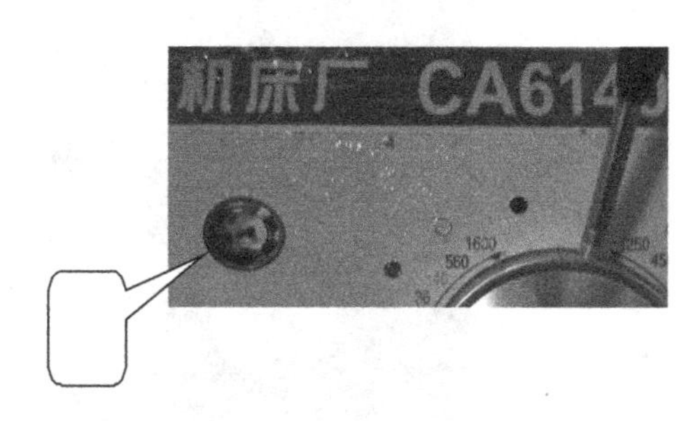

图 1-3-15

②进给箱和溜板箱。

方式:溅油润滑和油绳导油润滑。

润滑油:L-AN46 全损耗系统用油。

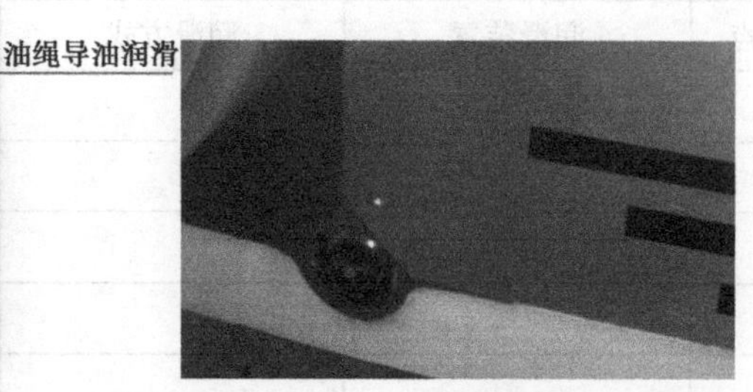

(a)进给箱　　　　(b)溜板箱

图 1-3-16

③丝杠、光杠及操纵杆的轴颈。

方式:油绳导油润滑和弹子油杯润滑。

润滑油:L-AN46 全损耗系统用油。

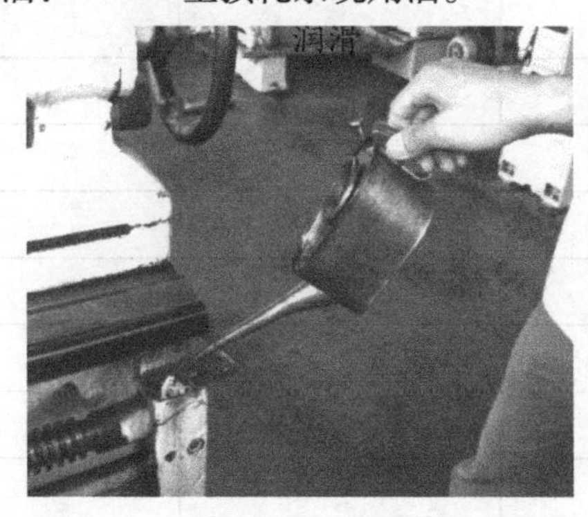

(a)后托架储油池的注油　　　　(b)丝杠左端的弹子

图 1-3-17

④床鞍、导轨面和刀架部分。

方式:浇油润滑和弹子油杯润滑。

润滑油:L-AN46 全损耗系统用油。

⑤尾座。

方式:弹子油杯润滑。

润滑油:L-AN46 全损耗系统用油。

⑥交换齿轮箱中间齿轮轴。

方式:浇油润滑和弹子油杯润滑。

润滑油:2 号钙基润滑脂。

图 1-3-18　(7、10、12、13 为各润滑点)

图 1-3-19 （8、9 为润滑点）

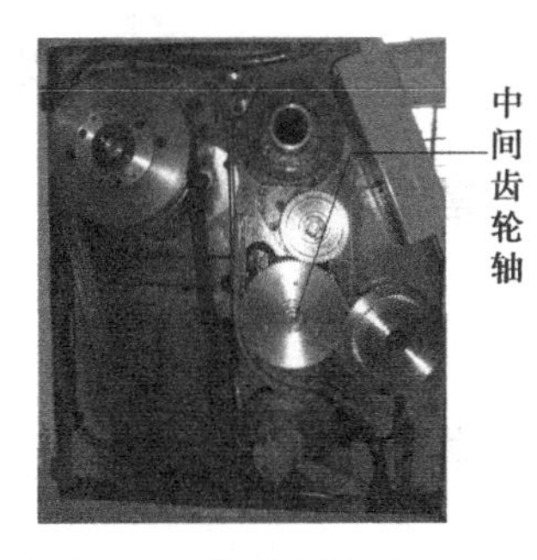

图 1-3-20

评价与分析

学习活动过程评价表

<table>
<tr><td>班级</td><td></td><td>姓名</td><td></td><td>学号</td><td></td><td>日期</td><td>年 月 日</td></tr>
<tr><td>序号</td><td colspan="4">评价要点</td><td>配分</td><td>得分</td><td>总评</td></tr>
<tr><td>1</td><td colspan="4">工具和材料准备</td><td>10</td><td></td><td rowspan="8">A○(86～100)
B○(76～85)
C○(60～75)
D○(60 以下)</td></tr>
<tr><td>2</td><td colspan="4">清洁工作场地和擦拭机床</td><td>20</td><td></td></tr>
<tr><td>3</td><td colspan="4">找出机床各润滑点</td><td>20</td><td></td></tr>
<tr><td>4</td><td colspan="4">分析各润滑点润滑方式、润滑材料、润滑装置、润滑周期</td><td>40</td><td></td></tr>
<tr><td>5</td><td colspan="4">给机床润滑加油</td><td>10</td><td></td></tr>
<tr><td>6</td><td colspan="4"></td><td></td><td></td></tr>
<tr><td>7</td><td colspan="4"></td><td></td><td></td></tr>
<tr><td>8</td><td colspan="4"></td><td></td><td></td></tr>
<tr><td>小结建议</td><td colspan="7"></td></tr>
</table>

学习活动 1.4　CA6140 型卧式车床的操作训练

学习目标

- 学会 CA6140 型卧式车床通电操作。
- 看懂主轴变速盘，并学会主轴变速。
- 看懂进给速度铭牌并学会进给变速，能较均匀地进行手、自进给移动。

- 能较熟练操纵主轴操纵杆，会进行主轴启动、停止、变向、变速控制。

建议学时

6 学时

学习准备

CA6140 车床，CA6140 车床使用说明书，车床安全操作规程。

学习过程

1. 车床启动操作

①检查车床各变速手柄是否处于空挡位置，离合器是否处于正确位置，操纵杆是否处于停止状态。确认无误后，合上车床电源总开关。

②按下床鞍上的绿色启动按扭，电动机启动。

③向上提起溜板箱右侧的操纵杆手柄，主轴正转；操纵杆手柄回到中间位置，主轴停止转动；操纵杆向下压，主轴反转。

④主轴正反转的转换要在主轴停止转动后进行，避免因连续转换操作使瞬间电流过大而发生电气故障。

⑤按下床鞍上的红色停止按钮，电动机停止工作。

2. 主轴箱操作

通过改变主轴箱正面右侧的两个叠套手柄的位置来控制。前面的手柄有 6 个挡位，每个有 4 级转速，由后面的手柄控制，所以主轴共有 24 级转速，如图 1-4-1 所示。主轴箱正面左侧的手柄用是螺纹的左右旋向变换和加大螺距，共有 4 个挡位，即右旋螺纹、左旋螺纹加大螺距和左旋加大螺距螺纹，其挡位如图 1-4-2 所示。

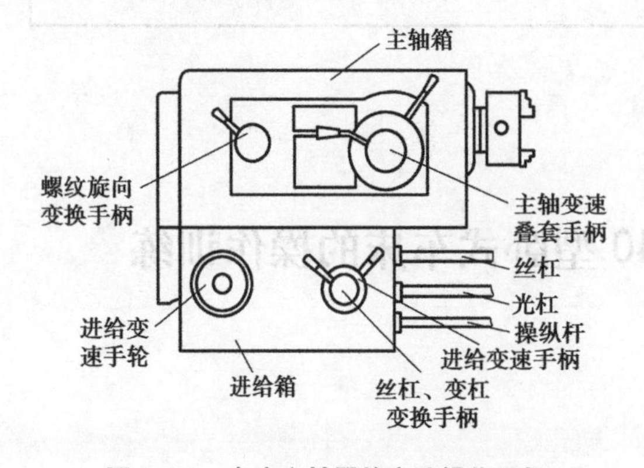

图 1-4-1　车床主轴器的变速操作手柄

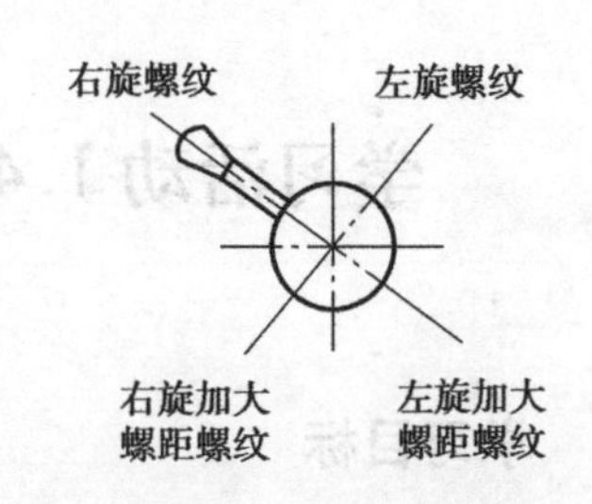

图 1-4-2　车削螺纹的变换手柄

3. 进给箱的变速操作

C6140 型车床上进给箱正面左侧有一个手轮，手轮有 8 个挡位；右侧有前、后叠装的两

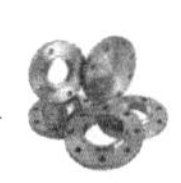

个手柄，前面的手柄是丝杆、光杆变换手柄，后面的手柄有Ⅰ、Ⅱ、Ⅲ、Ⅳ4 个挡位，用于与手轮配合，用以调整螺距或进给量。

根据加工要求调整所需螺距或进给量时，可通过查找进给箱油池盖上的调配表来确定手轮和手柄的具体位置。其挡位如上图所示

4. 溜板箱的操作

溜板部分实现车削时绝大部分的进给运动：床鞍及溜板箱作纵向移动，中滑板作横向移动，小滑板可作纵向或斜向移动。进给运动有手动进给和机动进给两种方式。

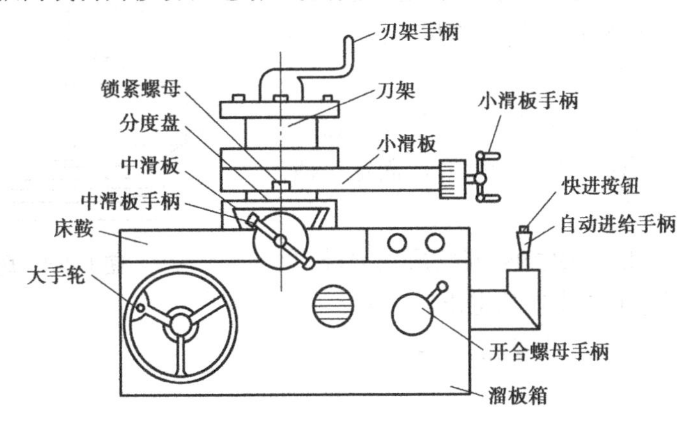

图 1-4-3　溜板部分

(1)溜板部分的手动操作

①床鞍及溜板箱的纵向移动由溜板箱正面左侧的大手轮控制。顺时针方向转动手轮时，床鞍向右运动；逆时针方向转动手轮时，向左运动。手轮轴上的刻度盘圆周等分为 300 格，手轮每转过 1 格，纵向移动 1 mm。

②中滑板的横向移动由中滑板手柄控制。顺时针方向转动手柄时，中滑板向前运动(即横向进刀)；逆时针方向转动手轮时，向操作者运动(即横向退刀)。手轮轴上的刻度盘圆周等分为 100 格，手轮每转过 1 格，纵向移动 0.05 mm。

③小滑板在小滑板手柄控制下可作短距离的纵向移动。小滑板手柄顺时针方向转动时，小滑板向左运动；逆时针方向转动手柄时，小滑板向右运动。小滑板手轮轴上的刻度盘圆周等分为 100 格，手轮每转过 1 格，纵向或斜向移动 0.05 mm。小滑板的分度盘在刀架需斜向进给车削短圆锥体时，可顺进针或逆时针地在 90°范围内偏转所需角度。调整时，先松开锁紧螺母，转动小滑板至所需角度位置后，再锁紧螺母将小滑板固定。

(2)溜板部分的机动进给操作

①C6140 型车床的纵、横向机动进给和快速移动采用单手柄操纵。自动进给手柄在溜板箱右侧，可沿十字槽纵、横扳动，手柄扳动方向与刀架运动方向一致，操作简单、方便。手柄在十字槽中央位置时，停止进给运动。在自动进给手柄顶部有一快进探钮，按下此钮，快速电动机工作，床鞍或中滑板手柄扳动方向作纵向或横向快速移动；松开按钮，快速电动机停止转动，快速移动中止。

②溜板箱正面右侧有一开合螺母操作手柄,用于控制溜板箱与丝杆之间的运动联系。车削非螺纹表面时,开合螺母手柄位于上方;车削螺纹时隔不久,顺时针方向扳下开合螺母手柄,使开合螺母闭合并与丝杆啮合,将丝杆的运动传递给溜板箱,使溜板箱、床鞍按预定的螺距作纵向进给。车完螺纹应立即开合螺母手柄扳回到原位。

5. CA6140 尾座操作

尾座如图 1-4-4 所示。

①手动沿床身导轨纵向移动尾座至合适的位置,逆时针方向扳动尾座固定手柄,将尾座固定。注意移动尾座时用力不要过大。

②逆时针方向移动套筒固定手柄,摇动手轮,使套筒作进、退移动。顺时针方向转动套筒固定手柄,将套筒固定在选定的位置。

③擦净套筒内孔和顶尖锥柄,安装后顶尖;松开套筒固定手柄,摇动手轮使套筒后退出后顶尖。

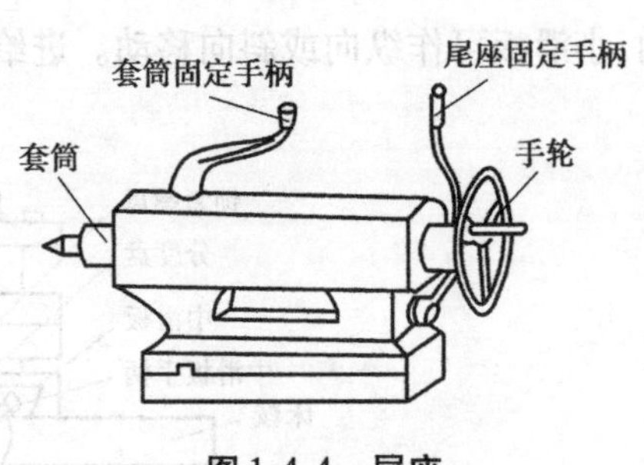

图 1-4-4　尾座

6. 抄写熟记车床安全操作规程

7. 车床操作练习

①调整主轴转速分别为 16 r/mm、450 r/mm、1 400 r/mm,确认后启动车床并观察。每次进行主轴转速调整必须停车。

②选择车削右旋螺纹和车削左旋加大螺距螺纹和手柄位置。

③确定选择纵向进给量为 0. 46 mm/ r、横向进给量为 0. 20 mm/ r 时的手轮和手柄位置,并调整。

④确定车削螺距分别为 1 mm/ r、1. 5 mm、2 mm 的普通螺纹时,进给箱上手轮和手柄位置,并调整。

⑤摇动大手轮,使床鞍向左或向右作纵向移动;用左手、右手分别摇动中滑板手柄,作横向进给和退出移动;用双手交替摇动小滑板手柄,作纵向短距离的左、右移动。要求做到操作熟练自如,床鞍、中滑板、小滑板的移动平稳、均匀。

⑥用左手摇动大手轮,右手同时摇动中滑板手柄,纵、横向快速趋近和快速退出工件。

⑦利用大手轮刻度盘使床鞍纵向移动 250 mm 、324 mm;利用中滑板手柄刻度盘,使刀架横向进刀 0. 5 mm、1. 25 mm。利用小滑板分度盘使小滑板纵向移动 5 mm 、5. 8 mm;注意丝杆间隙的消除。

⑧利用小滑板分度盘扳转角度，使刀架可车削圆锥角 $a=30°$ 的圆满锥体(小端在右端)。

⑨用自动进给手柄作床鞍的纵向进给和中滑板的横向进给的机动进给练习。

⑩用自动进给手柄和手柄顶部的快进按钮作纵向、横向的快速进给操作。

⑪操作进给箱上的丝杆、光杆变换手柄，使丝杆回转，将溜板箱向右移动足够远的距离，扳下开合螺母，观察床鞍是否按选定螺距作纵向进给。扳下和抬起开合螺母的操作应果断有力，练习中体会手的感觉。

⑫左手操作中滑板手柄，右手操作开合螺母，两手配合动作练习每次车完成螺纹时的横向退刀。

操作时要注意，当床鞍快速移动至离主轴箱或尾座没有足够远的距离、中滑板伸出床鞍足够远时，应立即松开快速按钮，停止快速进给，以避免床鞍撞坏主轴箱或尾座和因中滑板伸出太长而使燕尾导轨受损。

评价与分析

学习活动过程评价表

<table>
<tr><td>班级</td><td></td><td>姓名</td><td></td><td>学号</td><td></td><td>日期</td><td>年 月 日</td></tr>
<tr><td>序号</td><td colspan="4">评价要点</td><td>配分</td><td>得分</td><td>总评</td></tr>
<tr><td>1</td><td colspan="4">能正确安全启动机床</td><td>5</td><td></td><td rowspan="8">A○(86～100)
B○(76～85)
C○(60～75)
D○(60 以下)</td></tr>
<tr><td>2</td><td colspan="4">能进行主轴变速操作</td><td>15</td><td></td></tr>
<tr><td>3</td><td colspan="4">能进行进给变速操作</td><td>15</td><td></td></tr>
<tr><td>4</td><td colspan="4">能手动进给操作</td><td>15</td><td></td></tr>
<tr><td>5</td><td colspan="4">能机动进给操作</td><td>15</td><td></td></tr>
<tr><td>6</td><td colspan="4">能移动、固定尾座及尾座套筒</td><td>15</td><td></td></tr>
<tr><td>7</td><td colspan="4">能遵守劳动纪律，积极练习</td><td>10</td><td></td></tr>
<tr><td>8</td><td colspan="4">抄写安全操作规程</td><td>10</td><td></td></tr>
<tr><td>小结建议</td><td colspan="7"></td></tr>
</table>

学习活动1.5 车床的水平调整和几何精度检测

学习目标

- 能正确使用水平仪,按技术要求使用水平仪检测、调整车床水平。
- 能遵守用电安全规程和车床安全操作规程,对车床正确通电和开机。
- 能做好检验前的准备工作。
- 能正确检验车床的几何精度,正确分析、处理过程检测数据,正确调整车床。

建议学时

30 学时

学习准备

GB/T 4020–1997，CA6140 型卧式车床使用说明书、教材;水平仪、准直仪、平行直尺、精密角尺、百分表(带磁性表座)、杠杆千分表、检验棒、检验桥板,长度规、显微镜;安全生产警示标识、劳保用品等。

学习过程

1)准备 CA6140 型卧式车床初调水平和检测所需的工具、量具、检具。填写工具、量具、检具清单(表 1-5-1)。

表 1-5-1 CA6140 型卧式车床初调水平所需的工具、量具、检具清单

序号	名称	图例	主要用途	精度	备注
1	百分表				
2	千分尺				
3	水平仪				
4	专用顶尖				
5	检验心棒				
6					
7					

2)查阅 CA6140 型卧式车床使用说明书及机床安装相关资料,写出车床初调水平的技术要求。

3)①查阅资料,填写图 1-5-1 所示三种常用水平仪的名称。说一说利用水平仪判断水平的方法。

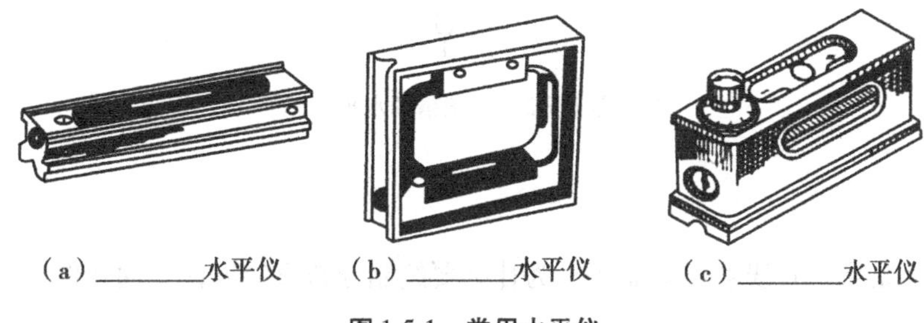

(a)________水平仪　(b)________水平仪　(c)________水平仪

图 1-5-1　常用水平仪

②车床水平的调整是通过控制水平仪中水泡的位置来实现的。具体调整方法:水平仪水泡向导轨哪个方向偏移,说明导轨哪个方向(高/低)。导轨高的方向要________地脚螺栓,同时与之对应低的方向的导轨要________楔铁。

4)车床安装完毕后,首先要进行初调水平,保证车床卡盘、导轨、刀架都处于水平状态,从而保证车床加工精度,减小车床自身磨损。车床初调水平分为粗调水平和精调水平。

①车床粗调水平时,采用________法检测车床导轨的水平。该方法是用水平仪分别在车床导轨的两端和中间位置,根据水平仪初步测量和调整导轨________向和________向的水平状态。要求导轨全长的直线度在 0.1 mm 以内。调整时,先调整________向水平,然后再调________向水平。

查找相关资料,在教师的指导下,小组对车床进行粗调水平,并记录调整步骤。

②车床精调水平采用________法，先检测________面内导轨的________度，称为________水平（即保证车床导轨在同一平面内），如果出现不平时，应调整________；再检测________方向上导轨的________度，称为________水平，如果出现不平时，应调整____________。车床精调水平时，水平仪放置如图 1-5-2 所示。

查找相关资料，在教师的指导下，小组对车床进行精调水平，并记录调整步骤。

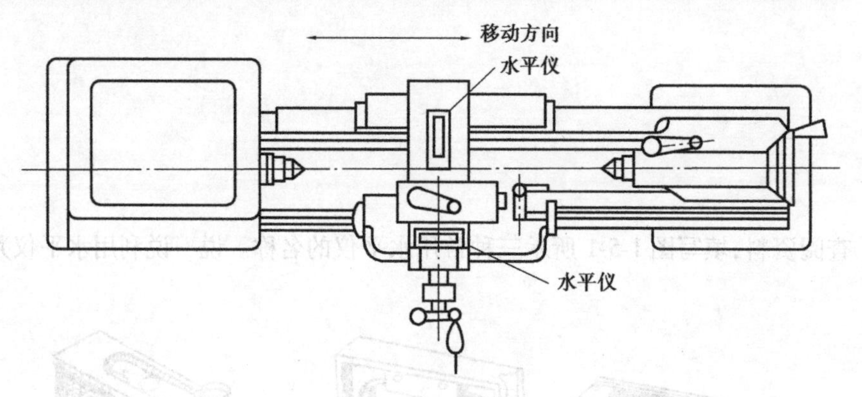

图 1-5-2　车床精调水平

5）①什么是导轨直线度误差曲线？为什么要绘制导轨直线度误差曲线图？

②用精度为 0.02 mm/1 000 mm 的框式水平仪测量长 1 600 mm 的导轨在水平平面内直线度误差。水平仪 B 放在横向滑板上，水平仪的长边垂直于导轨长度方向，如图 1-5-2 所示。水平仪垫铁长度为 200 mm，分 8 段测量。用绝对读数法，记录每段读数依次为____；绘制直线度误差曲线（图 1-5-3），计算导轨在平面内直线度误差。

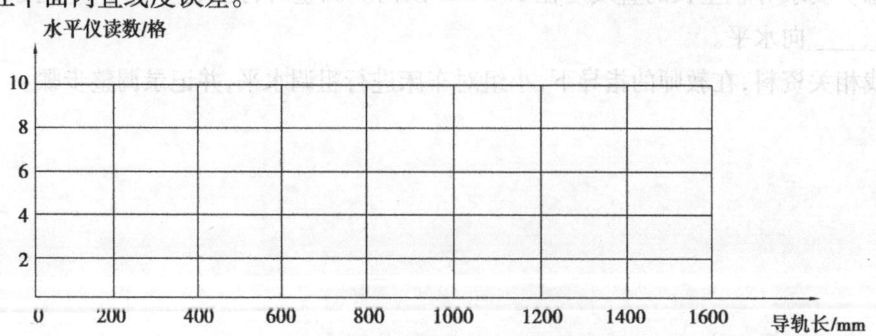

图 1-5-3　水平面内直线度误差曲线

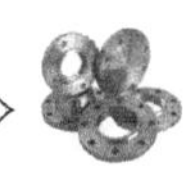

③根据上一个步骤的数据，应如何调整车床水平？

④水平仪 A 横向放置在滑板上，方向与导轨长度方向一致，如图 1-4-2 所示。采用与前述相同的方法，检测导轨在垂直面内的直线度，记录数据，并绘制直线度误差曲线，然后调整导轨水平。记录全过程。

6）初调水平结束后，应该对车床的床身进行哪些固定操作？

7）车床养护后通电启动，此时应注意哪些问题？

8)车床空转试验的目的是什么？其要求如何？

9)①查阅国标 GB/T 4020-1997 标准,CA6140 型卧式车床的精度共________项,其中几何精度有________项,工作精度有________项。

②几何精度代表车床在________状态下的精度。

10)查阅国标 GB/T 4020-1997,在教师指导下,按照以下步骤,小组协作检测 CA6140 型卧式车床的几何精度(精度按照普通级别),并回答有关问题,填写检测的相关内容。

(1)查阅资料,说一说机床安装后进行几何精度检验的目的。

(2)G1:床身导轨调平

①G1 与加工精度的关系:

②填写表 1-5-2 所示内容,做好检测前的准备工作。

表 1-5-2

检验项目	图　示	允差	检测工具、量具
纵向:导轨在垂直平面内的直线度	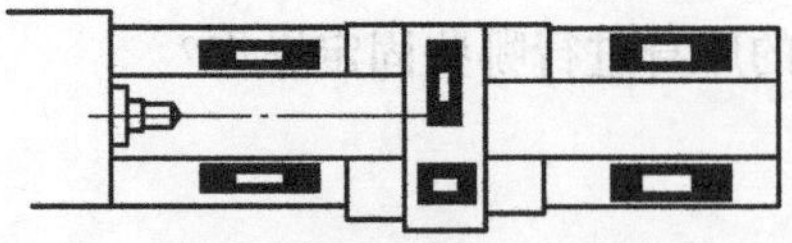		
横向:导轨应在同一平面内	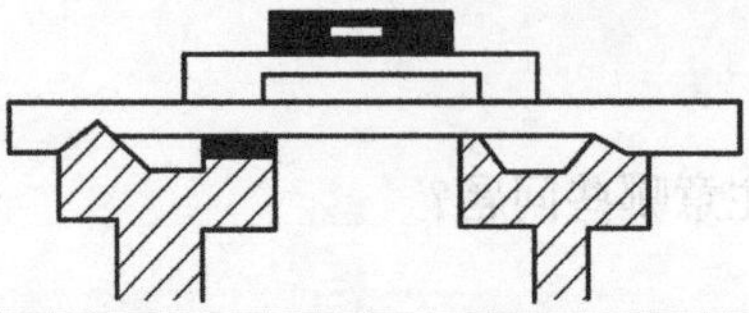		

③查阅并根据国标 GB/T 4020-1997 所列 G1 的检测方法,小组协作进行检测,并记录检测步骤和要点。

纵向:

横向：

④根据过程检测数据得出检测结果,并判断其精度是否超差(表1-5-3)。

表1-5-3

检验项目	过程检测数据/mm	检测结果/mm	精度超差(是/否)
纵向：导轨在垂直平面内的直线度			
横向：导轨应在同一平面内			

⑤查阅资料,分析精度超差的原因,说出导轨出现的问题,提出调整机床的方法。

⑥为什么只允许导轨中间凸起?

⑦导轨表面的刮花有什么作用?

(3) G2:溜板移动在水平面内的直线度(尽可能在两顶尖间轴线和刀尖所确定的平面内检验)

①G2 与加工精度的关系:

②填写表 1-5-4 所示内容,做好检测前的准备工作。

表 1-5-4

检验项目	图　示	允差	检测工具、量具
溜板移动在水平面内的直线度			

③根据国标 GB/T 4020—1997 所列 G2 的检测方法,小组协作进行检测,并记录检测步骤和要点。

④根据过程检测数据得出检测结果,并判断其精度是否超差(表 1-5-5)。

表 1-5-5

检验项目	过程检测数据/mm	检测结果/mm	精度超差(是/否)
溜板移动在水平面内的直线度			

⑤查阅资料,分析精度超差的原因,说出溜板移动出现的问题,提出调整机床的方法。

(4) G3：尾座移动对溜板移动的平行度

①G3 与加工精度的关系：

②填写表 1-5-6 所示内容，做好检测前的准备工作。

表 1-5-6

检验项目		图　示	允差	检测工具、量具
尾座移动对溜板移动的平行度	水平平面内	L=常数		
	垂直平面内			

③根据国标 GB/T 4020－1997 所列 G3 的检测方法，小组协作进行检测，并记录检测步骤和要点。

④根据过程检测数据得出检测结果，并判断其精度是否超差（表 1-5-7）。

表 1-5-7

检验项目		过程检测数据/mm	检测结果/mm	精度超差（是/否）
尾座移动对溜板移动的平行度	水平平面内			
	垂直平面内			

⑤查阅资料，分析精度超差的原因，说出尾座移动所出现的问题，提出调整机床的方法。

(5) G4：主轴轴向窜动和主轴轴肩支承面的跳动

①G4 与加工精度的关系：

②填写表 1-5-8 所示内容，做好检测前的准备工作。

表 1-5-8

检验项目	图　示	允差	检测工具、量具
主轴轴向窜动			
主轴轴肩支承面的跳动			

③根据国标 GB/T 4020-1997 所列 G4 的检测方法，小组协作进行检测，并记录检测步骤和要点。

④根据过程检测数据得出检测结果，并判断其精度是否超差（表 1-5-9）。

表 1-5-9

检验项目	过程检测数据/mm	检测结果/mm	精度超差（是/否）
主轴轴向窜动			
主轴轴肩支承面的跳动			

⑤查阅资料,分析精度超差的原因,说出主轴出现的问题,提出调整机床的方法。

(6)G5:主轴定心轴颈的径向跳动

①G5 与加工精度的关系:

②填写表 1-5-10 内容,做好检测前的准备工作。

表 1-5-10

检验项目	图　示	允差	检测工具、量具
主轴定心轴颈的径向跳动	F		

③根据国际 GB/T 4020—1997 所列 G5 的检测方法,小组协作进行检测,并记录检测步骤和要点。

④根据过程检测数据得出检测结果,并判断其精度是否超差(表 1-5-11)。

表 1-5-11

检验项目	过程检测数据/mm	检测结果/mm	精度超差(是/否)
主轴定心轴颈的径向跳动			

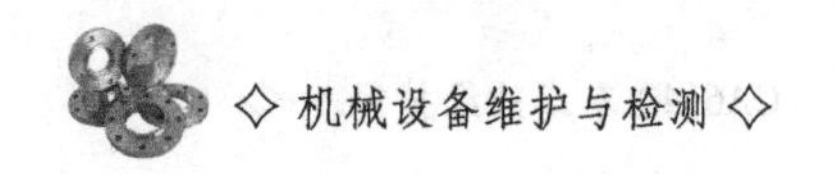

⑤查阅资料,分析精度超差的原因,说出主轴出现的问题,提出调整机床的方法。

(7) G6:主轴定心轴颈的径向跳动

①G6 与加工精度的关系:

②填写表 1-5-12 所示内容,做好检测前的准备工作。

表 1-5-12

检验项目		图　示	允差	检测工具、量具
主轴锥孔轴线的径向跳动	靠近主轴端面			
	距主轴端面不超过300 mm处			

③根据国标 GB/T 4020-1997 所列 G6 的检测方法,小组协作进行检测,并记录检测步骤和要点。

④根据过程检测数据得出检测结果,并判断其精度是否超差(表 1-5-13)。

表 1-5-13

检验项目		过程检测数据/mm	检测结果/mm	精度超差(是/否)
主轴锥孔轴线的径向跳动	靠近主轴端面			
	距主轴端面不超过300 mm处			

⑤查阅资料,分析精度超差的原因,说出主轴出现的问题,提出调整机床的方法。

(8)G7:主轴轴线对溜板纵向移动的平行度

①G7与加工精度的关系:

②填写表1-5-14所示内容,做好检测前的准备工作。

表1-5-14

检验项目		图示	允差	检测工具、量具
主轴轴线对溜板纵向移动的平行度	水平平面内	300		
	垂直平面内			

③根据国标GB/T 4020-1997所列G7的检测方法,小组协作进行检测,并记录检测步骤和要点。

④根据过程检测数据得出检测结果,并判断其精度是否超差(表1-5-15)。

表1-5-15

检验项目		过程检测数据/mm	检测结果/mm	精度超差(是/否)
主轴轴线对溜板移动的平行度	水平平面内			
	垂直平面内			

⑤查阅资料,分析精度超差的原因,说出主轴出现的问题,提出调整机床的方法。

(9)G8 检测项目:主轴顶尖的径向跳动

①G8 与加工精度的关系:

②填写表 1-5-16 所示内容,做好检测前的准备工作。

表 1-5-16

检验项目	图　示	允差	检测工具、量具
主轴顶尖的径向跳动	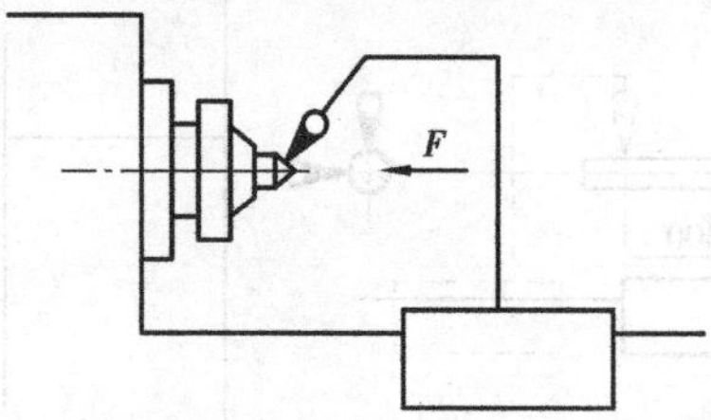		

③根据国标 GB/T 4020-1997 所列 G8 的检测方法,小组协作进行检测,并记录检测步骤和要点。

④根据过程检测数据得出检测结果,并判断其精度是否超差(表 1-5-17)。

表 1-5-17

检验项目	过程检测数据/mm	检测结果/mm	精度超差(是/否)
主轴顶尖的径向跳动			

⑤查阅资料,分析精度超差的原因,说出主轴顶尖出现的问题,提出调整机床的方法。

(10)G9 检测项目:尾座套筒轴线对溜板移动的平行度

①G9 与加工精度的关系:

②填写表 1-5-18 所示内容,做好检测前的准备工作。

表 1-5-18

检验项目	图　示	允差	检测工具、量具
尾座套筒轴线对溜板移动的平行度	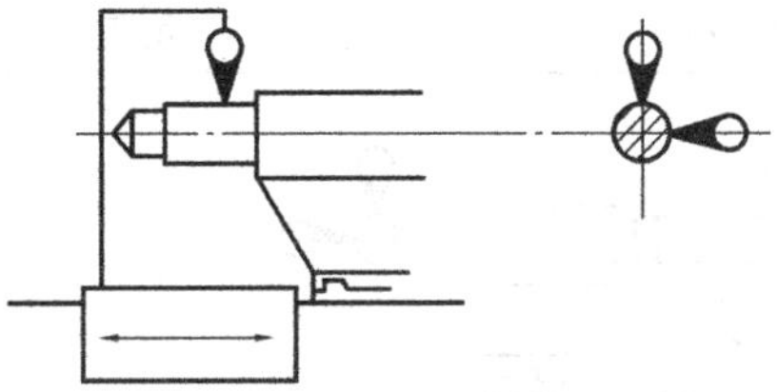		

③根据国标 GB/T 4020-1997 所列 G9 的检测方法,小组协作进行检测,并记录检测步骤和要点。

④根据过程检测数据得出检测结果,并判断其精度是否超差(表 1-5-19)。

表 1-5-19

检验项目	过程检测数据/mm	检测结果/mm	精度超差(是/否)
尾座套筒轴线对溜板移动的平行度			

⑤查阅资料,分析精度超差的原因,说出尾座出现的问题,提出调整机床的方法。

(11)G10 检测项目:尾座套筒锥孔轴线对溜线对溜板移动的平行度

①G10 与加工精度的关系:

②填写表 1-5-20 所示内容,做好检测前的准备工作。

表 1-5-20

检验项目	图　示	允差	检测工具、量具
尾座套筒锥孔轴线对溜板移动的平行度	200		

③根据国标 GB/T 4020—1997 所列 G10 的检测方法,小组协作进行检测,并记录检测步骤和要点。

④根据过程检测数据得出检测结果,并判断其精度是否超差(表 1-5-21)。

表 1-5-21

检验项目	过程检测数据/mm	检测结果/mm	精度超差(是/否)
尾座套筒锥孔轴线对溜板移动的平行度			

⑤查阅资料，分析精度超差的原因，说出尾座出现的问题，提出调整机床的方法。

(12) G11 检测项目：主轴和尾座两顶尖的等高度

①G11 与加工精度的关系：

②填写表 1-5-22 所示内容，做好检测前的准备工作。

表 1-5-22

检验项目	图　示	允差	检测工具、量具
主轴和尾座两顶尖的等高度			

③根据国标 GB/T 4020—1997 所列 G11 的检测方法，小组协作进行检测，并记录检测步骤和要点。

④根据过程检测数据得出检测结果，并判断其精度是否超差(表 1-5-23)。

表 1-5-23

检验项目	过程检测数据/mm	检测结果/mm	精度超差(是/否)
主轴和尾座两顶尖的等高度			

⑤查阅资料，分析精度超差的原因，说出主轴顶尖与尾座顶尖出现的问题，提出调整机床的方法。

⑥查阅资料，说一说为什么要求尾座顶尖要高于主轴顶尖。

(13)G12 检测项目：小刀架纵向移动对主轴平行度

①G12 与加工精度的关系：

②填写表 1-5-24 所示内容，做好检测前的准备工作。

表 1-5-24

检验项目	图　示	允差	检测工具、量具
小刀架纵向移动对主轴平行度			

③根据国标 GB/T 4020—1997 所列 G12 的检测方法，小组协作进行检测，并记录检测步骤和要点。

④根据过程检测数据得出检测结果，并判断其精度是否超差（表 1-5-25）。

表 1-5-25

检验项目	过程检测数据/mm	检测结果/mm	精度超差（是/否）
小刀架纵向移动对主轴平行度			

⑤查阅资料，分析精度超差的原因，说出小刀架移动出现的问题，提出调整机床的方法。

(14) G13 检测项目：横刀架横向移动对主轴轴线的垂直度

①G13 与加工精度的关系：

②填写表 1-5-26 所示内容，做好检测前的准备工作。

表 1-5-26

检验项目	图　示	允差	检测工具、量具
横刀架横向移动对主轴轴线的垂直度	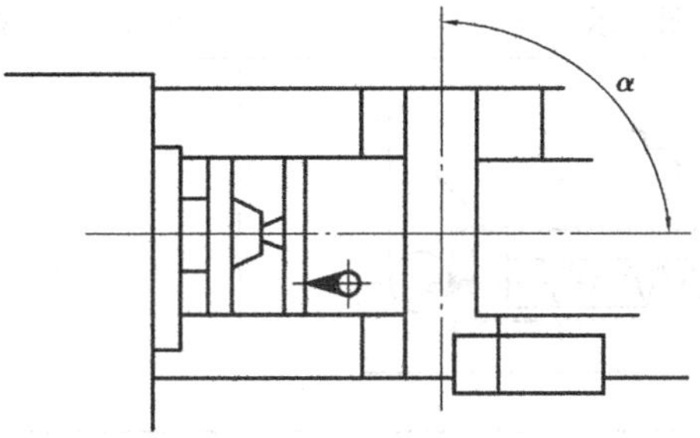		

③根据国标 GB/T 4020—1997 所列 G13 的检测方法，小组协作进行检测，并记录检测步骤和要点。

④根据过程检测数据得出检测结果，并判断其精度是否超差（表 1-5-27）。

表 1-5-27

检验项目	过程检测数据/mm	检测结果/mm	精度超差(是/否)
横刀架横向移动对主轴轴线的垂直度			

⑤查阅资料，分析精度超差的原因，说出横刀架移动出现的问题，提出调整机床的方法。

（15）G14 检测项目：丝杠的轴向窜动

①G14 与加工精度的关系：

②填写表 1-5-28 所示内容，做好检测前的准备工作。

表 1-5-28

检验项目	图　示	允差	检测工具、量具
丝杠的轴向窜动	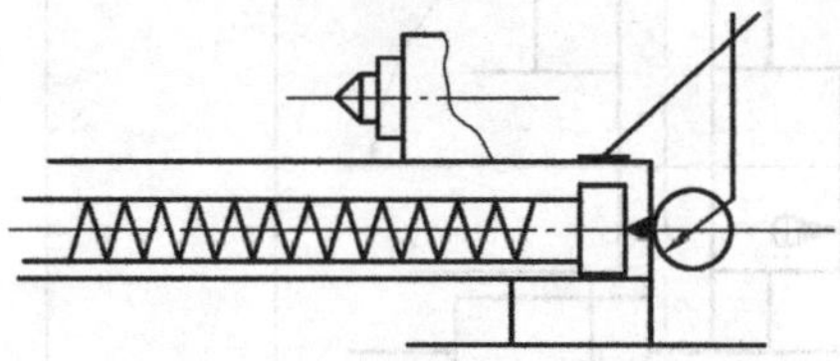		

③根据国标 GB/T 4020—1997 所列 G14 的检测方法，小组协作进行检测，并记录检测步骤和要点。

④根据过程检测数据得出检测结果，并判断其精度是否超差（表 1-5-29）。

表 1-5-29

检验项目	过程检测数据/mm	检测结果/mm	精度超差（是/否）
丝杠的轴向窜动			

⑤查阅资料，分析精度超差的原因，说出丝杠出现的问题，提出调整机床的方法。

（16）G15 检测项目：由丝杠产生的螺距累积误差

①G15 与加工精度的关系：

②填写表 1-5-30 所示内容，做好检测前的准备工作。

表 1-5-30

检验项目	图　示	允差	检测工具、量具
由丝杠产生的螺距累积误差			

③根据国标 GB/T 4020—1997 所列 G15 的检测方法，小组协作进行检测，并记录检测步骤和要点。

④根据过程检测数据得出检测结果，并判断其精度是否超差（表 1-5-31）。

表 1-5-31

检验项目	过程检测数据/mm	检测结果/mm	精度超差（是/否）
由丝杠产生的螺距累积误差			

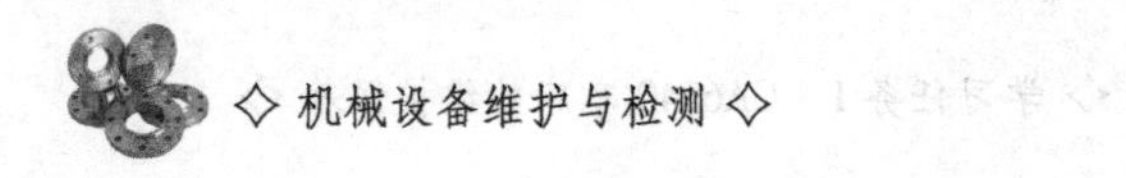

⑤查阅资料，分析精度超差的原因，说出丝杠出现的问题，提出调整机床的方法。

11）以小组为单位，在教师指导下，根据确定的 CA6140 型卧式车床调整方案实施调整，直至检测合格。记录调整操作的顺序及要点。

12）①车床几何精度为什么要按照 G1—G15 的先后顺序检测？

②在企业生产实际中，车床的几何精度检验一般检测其中的主要项目，如 GI，G2，G4，G5，G14。想一想选取这些检验项目的原因。

评价与分析

学习活动过程评价表

<table>
<tr><td>班级</td><td></td><td>姓名</td><td></td><td>学号</td><td></td><td>日期</td><td>年 月 日</td></tr>
<tr><td>序号</td><td colspan="4">评价要点</td><td>配分</td><td>得分</td><td>总评</td></tr>
<tr><td>1</td><td colspan="4">能正确使用工量具对车床进行调平</td><td>10</td><td></td><td rowspan="8">A○(86~100)
B○(76~85)
C○(60~75)
D○(60 以下)</td></tr>
<tr><td>2</td><td colspan="4">能遵守用电安全规程和车床操作规程给车床通电和开机</td><td>5</td><td></td></tr>
<tr><td>3</td><td colspan="4">能按照车床使用说明书和国标的要求,正确检测车床的几何精度;能根据检测结果,正确调整车床</td><td>70</td><td></td></tr>
<tr><td>4</td><td colspan="4">遵守实训纪律,工作态度积极</td><td>5</td><td></td></tr>
<tr><td>5</td><td colspan="4">能积极参与小组讨论</td><td>5</td><td></td></tr>
<tr><td>6</td><td colspan="4">能虚心接受他人意见,并及时改正</td><td>5</td><td></td></tr>
<tr><td>7</td><td colspan="4"></td><td></td><td></td></tr>
<tr><td>8</td><td colspan="4"></td><td></td><td></td></tr>
<tr><td>小结建议</td><td colspan="7"></td></tr>
</table>

学习活动1.6　车床工作精度检验及调整

学习目标

- 能按照国标对试运转的要求准备试件。
- 能遵守车床安全操作规程。
- 能正确检验车床工作精度,正确分析、处理过程检测数据,提出正确调整车床的方案并实施。

建议学时

20 学时。

学习准备

国际 GB/T4020—1997、CA6140 型卧式车床使用说明书、教材；90°外圆车刀（YT15）、45°端面车刀（YG8）、三爪自定心卡盘；螺旋测微仪、千分尺、百分表、磁性表座、螺距测量仪、检验棒、平尺、量规、专用检具；试件毛杯；安全生产警示标识、劳保用品等。

学习过程

1）车床进行几何精度检测之后，为什么要进行工作精度的检测？

2）进行工作精度检验前，查阅国标 GB/T 4020-1997，说出国标对试件毛坯有什么要求（如材料、毛坯形状、长度、直径等），并准备合格的试件。

（1）外圆试件毛坯

（2）端面试件毛坯

（3）螺纹试件毛坯

3）查阅国标 GB/T 4020—1997，在教师指导下，以小组为单位，在 CA6140 型卧式车床上加工试件，并检测其精度，从而检验车床的工作精度。（提示：车床工作精度按照普通级检验）

（1）P1 检测项目：精车外圆的圆度和在纵截面内直径的一致性

①P1 与加工精度的关系：

②填写表 1-6-1 所示内容，做好检测前的准备工作。

表 1-6-1

检验项目	图　示	允差	检测工具、量具
外圆的圆度	200 a　a　a ≥φ50 100　100 a=15~20		
外圆在纵截面内直径的一致性			

③根据国标 GB/T 4020–1997 所列 P1 的检测方法，小组协作进行检测，并记录检测步骤和要点。

圆度：

纵截面内直径的一致性：

④根据过程检测数据得出检测结果，并判断其精度是否超差（表 1-6-2）。

表 1-6-2

检验项目	过程检测数据/mm	检测结果/mm	精度超差（是/否）
外圆的圆度			
外圆在纵截面内直径的一致性			

⑤查阅资料，分别分析试件圆度、在纵截面内直径的一致性超差的原因，说出车床出现的问题，提出调整机床的方法。

(2)P2 检测项目：精车端面的平面度

①P2 与加工精度的关系：

②填写表 1-6-3 所示内容，做好检测前的准备工作。

表 1-6-3

检验项目	图　示	允差	检测工具、量具
精车端面的平面度	45 $\phi 40$ $\phi 160$ $\phi 200$		

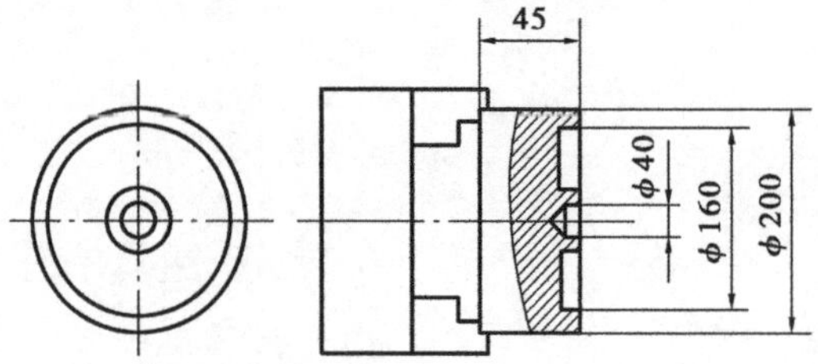

③根据国际 GB/T4020—1997 所列 G15 的检测方法，小组协作进行检测，并记录检测步骤和要点。

④根据过程检测数据得出检测结果，并判断其精度是否超差(表 1-6-4)。

表 1-6-4

检验项目	过程检测数据/mm			检测结果/mm	精度超差(是/否)
精车端面的平面度					

⑤查阅材料，分析试件端面的平面度超差的原因，说出车床出现的问题，提出调整机床的方法。

⑥车床车削工件端面时，端面的平面度为什么只允许凹？

(3)P3 检测项目：精车 300 mm 长普通螺纹的螺距累积误差

①P3 与加工精度的关系：

②填写表 1-6-5 所示内容，做好检测前的准备工作。

表 1-6-5

检验项目	图　示	允差	检测工具、量具
精车 300 mm 长普通螺纹的螺距累积误差	300 螺纹螺距=6，螺纹外径=36		

③根据国际 GB/T4020—1997 所列 P3 的检测方法，小组协作进行检测，并记录检测步骤和要点。

④根据过程检测数据得出检测结果，并判断其精度是整超差（表 1-6-6）。

表 1-6-6

检验项目	过程检测数据/mm	检测结果/mm	精度超差（是/否）
精车 300 mm 长普通螺纹的螺距累积误差			

⑤查阅材料，分析试件螺距累积误差超差的原因，说出车床出现的问题，提出调整机床的方法。

评价与分析

学习活动过程评价表

<table>
<tr><td>班级</td><td colspan="1"></td><td>姓名</td><td></td><td>学号</td><td></td><td>日期</td><td>年　月　日</td></tr>
<tr><td>序号</td><td colspan="4">评价要点</td><td>配分</td><td>得分</td><td>总　评</td></tr>
<tr><td>1</td><td colspan="4">能按照国家要求，正确准备车床工作精度检验用试件</td><td>5</td><td></td><td rowspan="8">A○（86～100）
B○（76～85）
C○（60～75）
D○（60 以下）</td></tr>
<tr><td>2</td><td colspan="4">能按照零件图，正确操作车床车削试件</td><td>10</td><td></td></tr>
<tr><td>3</td><td colspan="4">能按照车床使用说明书和国标的要求，正确检测车床的工作精度</td><td rowspan="3">60
（每项精度占 20 分）</td><td></td></tr>
<tr><td>4</td><td colspan="4">能正确处理工作精度的过程检测数据，判断精度是否超差</td><td></td></tr>
<tr><td>5</td><td colspan="4">能根据检验结果，提出正确调整车床的方案</td><td></td></tr>
<tr><td>6</td><td colspan="4">能遵守劳动纪律，以积极的态度接受工作任务</td><td>5</td><td></td></tr>
<tr><td>7</td><td colspan="4">能积极参与小组讨论，运用专业术语与其他成员讨论</td><td>15</td><td></td></tr>
<tr><td>8</td><td colspan="4">有虚心接受他人意见，并及时改正</td><td>5</td><td></td></tr>
<tr><td>小结建议</td><td colspan="7"></td></tr>
</table>

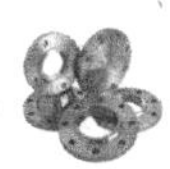

学习活动1.7 车床运动机械故障和润滑故障的检查与调整

学习目标

- 能了解车床常见机械故障和润滑故障。
- 能对车床常见机械故障和润滑故障进行检查、分析、调整。
- 能对车床常见机械故障和润滑故障提出处理方案。

建议学时

12 学时

学习准备

CA6140 车床,车床安全操作规程,CA6140 车床使用说明书,扳手,旋具,润滑材料。

学习过程

1. 了解熟悉 CA6140 车床常见机械故障及润滑故障

1)发生闷车现象

(1)故障原因分析

主轴在切削负荷较大时,会出现转速明显地低于标牌转速或者自动停车的现象。故障产生的常见原因是主轴箱中的片式摩擦离合器的摩擦片间隙调整过大,或者摩擦片、摆杆、滑环等零件磨损严重。如果电动机的传动带调节过松,也会出现这种状况。

(2)故障排除与检修

首先应检查并调整电动机传动带的松紧程度,然后再调整片式摩擦离合器的擦片间隙。如果还不能解决问题,应检查相关件的磨损情况,如内、外摩擦片和摆杆、滑环等件的工作表面是否产生严重磨损。发现该现象,应及时修理或更换。

2)发生切削自振现象

(1)故障原因分析

用切槽刀切槽时,或者加工工件外圆切削负载较大时,在切削过程中会发生刀具相对于工件的振动。切削自振现象的产生及其振动的强弱与设备切削系统的动刚度、工件的切削刚度及切削条件有关。当切削条件改变后,若切削自振现象仍然不能排除,主要应检查设备切削系统动刚度的下降情况。若主轴前轴承的径向间隙过大,溜板与床身导轨之间的接触面积过小等都容易引起这种现象。

(2)故障排除与检修

首先要将主轴前轴承安装正确,间隙调整合适,使主轴锥孔中心线的径向圆跳动值符合要求。在此基础上,再对溜板和床身导轨进行检查和刮研,提高其接触精度。若还不能解决问题,应对切削系统相关零件的配合关系逐个进行检查,发现影响动刚度的因素,务必进行排除。

3)重切削时主轴转速低于标牌上的转速,甚至发生停机现象

(1)故障原因分析(图 1-7-1)

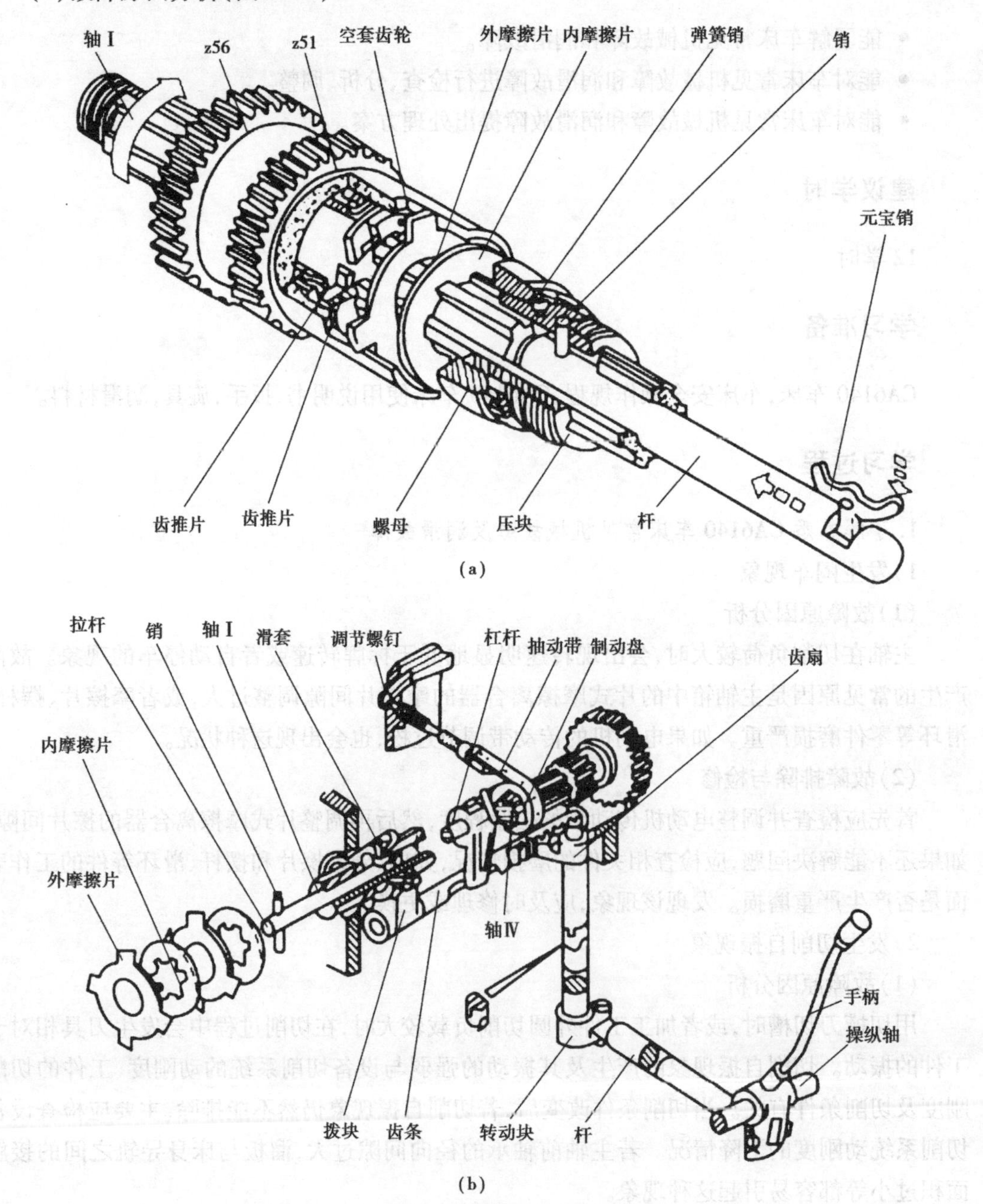

图 1-7-1　轴Ⅰ上的摩擦离合器及其操纵机构

①主轴箱内的摩擦离合器调整过松；或者是调整好的摩擦片，因机床切削超载，摩擦片之间产生相对滑动，甚至表面被研磨出较深的沟槽。如果表面渗碳硬层被全部磨掉，摩擦离合器也会失去效能。

②摩擦离合器操纵机构接头与垂直杆的连接松动。

③摩擦离合器轴上的元宝销、滑套和拉杆严重磨损。

④摩擦离合器轴上的弹簧销或调整压力的螺母松动。

⑤主轴箱内集中操纵手柄的销子或滑块磨损，手柄定位弹簧过松而使齿轮脱开。

⑥主电动机传动 V 带调节过松。

(2)故障排除与检修

①调整摩擦离合器，修磨或更换摩擦片。调整时先将图 1-7-1 中的手柄扳到需要调整的正转或反转的准确位置上，然后把弹簧定位销(图 1-7-2)用螺钉旋具装到轴内，同时拨动调整螺母，直到螺母压紧离合器的摩擦片为止，再将手柄扳到停车的中间位置，此时两边的摩擦片均应放松，再将螺母向压紧方向拨动 4 ~7 个圆口，并使定位销重新卡入螺母的圆口中，防止螺母在转动时松动。

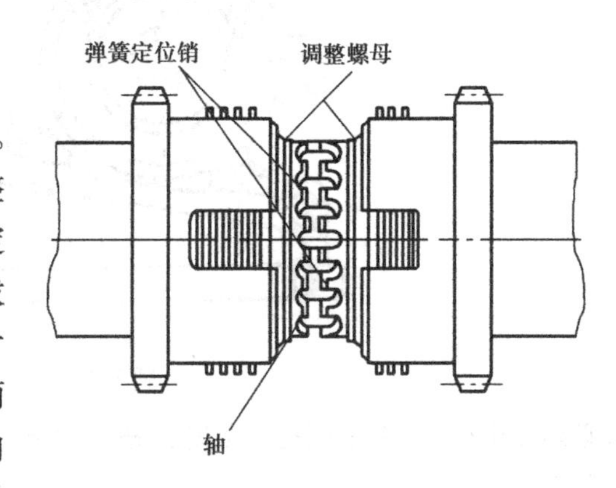

图 1-7-2　双路摩擦离合器

②打开配电箱盖，紧固变向机构接头上的螺钉，使接头与主轴之间不发生松动。

③修焊或更换元宝销、滑套和拉杆。

④检查定位销中的弹簧是否失效，如果缺少弹性就要换新的弹簧。调整好螺母后，把弹簧定位销卡入螺母的圆口中，防止螺母在转动时松动。

⑤更换销子、滑块，选择弹力较强的弹簧，使手柄定位灵活可靠，确保齿轮啮合传动正常。

⑥主电动机装在前床腿内，打开前床腿上的盖板，旋转电动机底板上的螺母以调整电动机的位置，可使两 V 带轮的距离缩小或增大，如图 1-7-3 所示。此例中应使两带轮距离增大，使 V 带张紧。

4)停机后主轴有自转现象或制动时间太长

(1)故障原因分析

①摩擦离合器调整过紧，停机后摩擦片仍未完全脱开。

②主轴制动机构制动力不够。

(2)故障排除与检修

①调整好摩擦离合器(如上例所述)。

②调整主轴制动机构，制动轮装在轴 Ⅳ 上，制动轮的外面包有制动带。CA6140 型卧式车床制动器有两种类似的机构：一种如图 1-7-1 所示，制动带的拉紧程度由调节螺钉来调整；另一种如图 1-7-4 所示，调整螺钉和螺母来拉紧制动带。调整后检查，当离合器压紧时制动

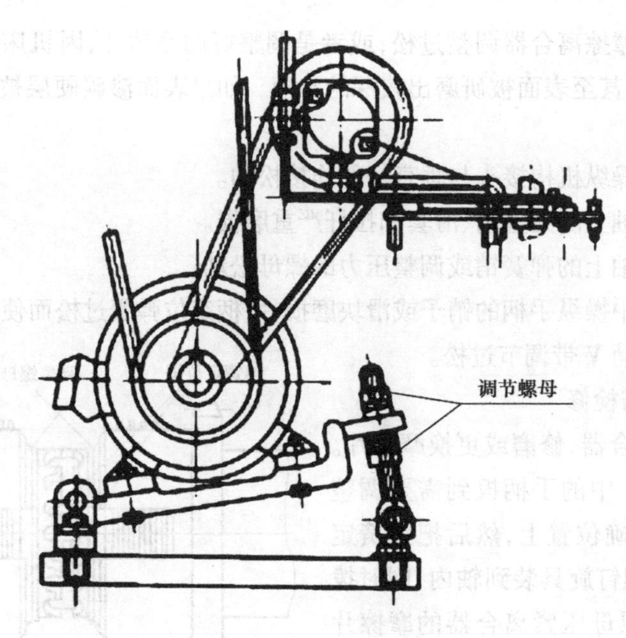

图 1-7-3　V 带调整装置

带必须完全松开，否则应把调节螺钉稍微松开一些，控制在主轴转速为 320 r/min 时，2 — 3 转制动。

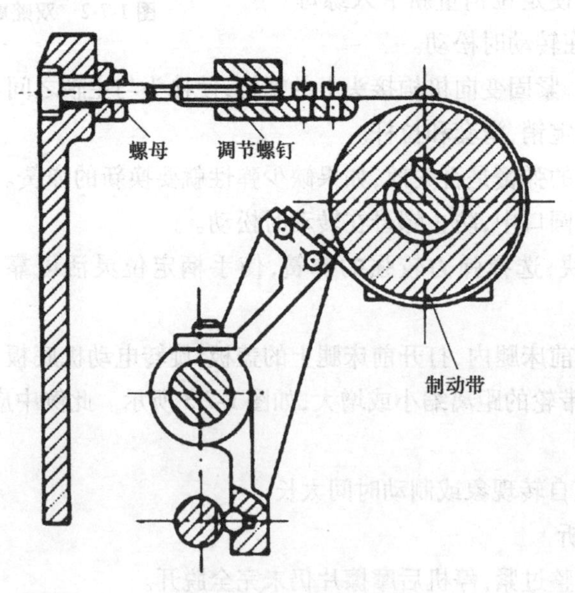

图 1-7-4　主轴抽动机构

5）主轴箱变速手柄杆指向转速数字的位置不准

（1）故障原因分析

主轴箱变速机构由链条传动，链条松动导致变速位置不准。

（2）故障排除与检修

主轴箱变速机构链条调整方法如图 1-7-5 所示。松开螺钉，转动偏心轴，调整链条松紧，

使变速手柄杆指向转速数字中央，紧固螺钉使大钢球压小钢球，将偏心轴紧固在主轴箱体上。

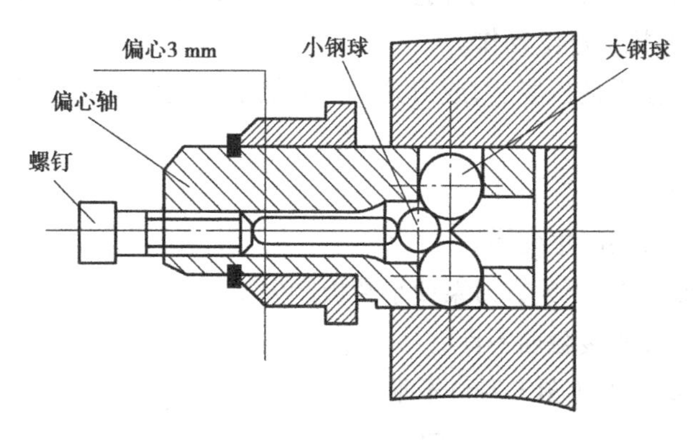

图 1-7-5　链条张紧结构

6）主轴箱某一挡或几挡转动噪声特别大

（1）故障原因分析

①主轴箱内传递这一挡或几挡转速的啮合齿轮齿廓有缺损或变形。

②这一挡或几挡转速涉及的轴承有异常。

（2）故障排除与检修

①根据车床主运动传动链查出传递这一挡或几挡转速的有关啮合齿轮并进行分析，对有关齿轮的齿廓进行检查，明显的缺损凭肉眼能观察到，如有异物掉在啮合齿廓间导致齿廓损伤等。在修理装拆过程中，齿轮侧面被敲击过猛，齿轮发生肉眼看不到的变形，也会导致噪声增大。更换产生噪声的齿轮，问题就能解决。

②如果传动链中有关传动轴的轴承有异常，也可采用上述方法通过转速图找出有关传动轴，参照滚动轴承分布图、明细表逐一检查分析，确定异常轴承所在轴，更换产生噪声的轴承。

7）无法实现车床纵向和横向机动进给动作

（1）故障原因分析

这种情况是CA6140 型卧式车床机械结构造成的，在CA620-3 型车床上也有这种情况发生，而在C620-1 型、C620-1B 型车床上就不会产生这种现象。严格地讲，这种情况不能算故障。这是因为，CA6140 型卧式车床溜板箱内进给传动要经过装在轴 XXQ 上的单向超越离合器，在正常机动进给时由光杠传来的运动通过超越离合器外环，超越离合器按逆时针方向旋转，三个短圆柱滚子便楔紧在外环和星形体之间，外环通过滚子带动星形体一起转动，经过安全离合器传至轴 XG。这时操纵手柄扳到相应的位置，便可获得相应纵向、横向机动进给。如果主轴箱控制螺纹旋向的手柄放在左螺纹位置上，光杠为反转，超越离合器外环作顺时针方向旋转，于是就使滚子压缩弹簧而向楔形槽的宽端滚动，从而脱开外环与星形体间的传动关系，此时超越离合器不传递力，无法实现车床纵向和横向的机动进给动作。

(2)故障排除与检修

检查主轴箱上控制螺纹旋向的手柄实际所处的位置,必须把该手柄放到右旋螺纹的位置上,才可实现车床的机动进给动作。

8)方刀架上的压紧手柄压紧后,或刀具在方刀架上固紧后,小滑板丝杠手柄摇动阻力加大甚至不能转动,

(1)故障原因分析

①刀具夹紧后方刀架产生变形。

②方刀架的底面不平,压紧方刀架使小滑板产生变形。

③方刀架与小滑板的接触面不良。

④小滑板凸台与平面1(图1-7-6)不垂直。

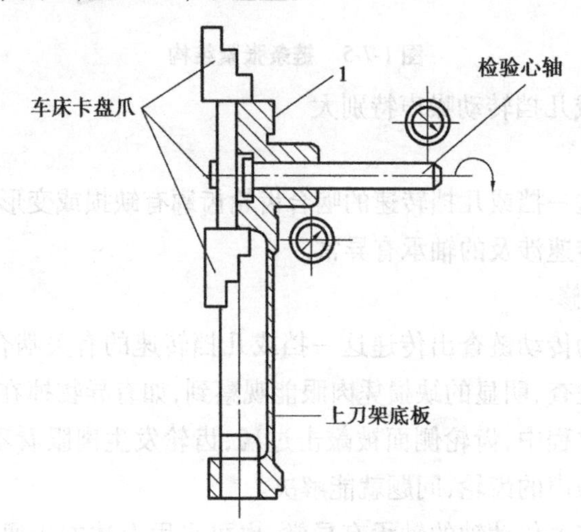

图1-7-6 检验定心轴颈的垂直度

(2)故障排除与检修

①刀具夹紧和刀架夹紧的用力要适度,既要夹紧,又不要用力过猛。如果仍不能解决问题,只有对方刀架的底面与小滑板的表面1进行刮研。因为方刀架在夹持刀具后会发生变形,所以在黏点检测时使其四个角上的接触点淡一些,也可以在刮研前先刮去其四个角上的变形量。

②在夹紧刀具后,用涂色法检查方刀架底面与小滑板接合面间的接触精度,应保证方刀架在夹紧刀具时仍保持与它均匀地全面接触,否则需要刮研修正。接触面间用0.1 mm塞尺检查,以插不进为合格。

③方刀架底面可用平面磨床磨平,小滑板的接合面用刮研方法修正。

④校正检验心轴与表面1的垂直度,误差不超过0. 01 mm。将原48 mm的凸台车小至42 mm,镶入一套,套的内孔与凸台紧配(也可用环氧胶粘结,配合间隙0. 02 ~0.04 mm),套的外圆与方刀架内孔滑配,配合间隙以0. 02 mm为好。

9)尾座锥孔内钻头、顶尖等顶不出来或钻头等锥柄受力后在锥孔内发生转动

(1)故障原因分析

①尾座丝杠头部磨损。

②工具锥柄与尾座套筒锥孔的接触率低。

(2)故障排除与检修

①加长尾座丝杠的头部。

②修磨尾座套筒的锥孔,涂色检查接触面应靠近大端,接触面应不低于工作长度的75%;或者是对尾座套筒进行改装,在锥孔后增加一个扁形槽,如图1-7-7所示,使用锥柄后带扁尾的刀具。这样,扁尾套筒内就不会出现转动的情况。当然对尾座丝杠的头部也要进行相应的改动,车成16 mm×40 mm,使丝杠头部在使用时也能通过套筒中宽为18 mm的扁形槽,把刀具顶出来。

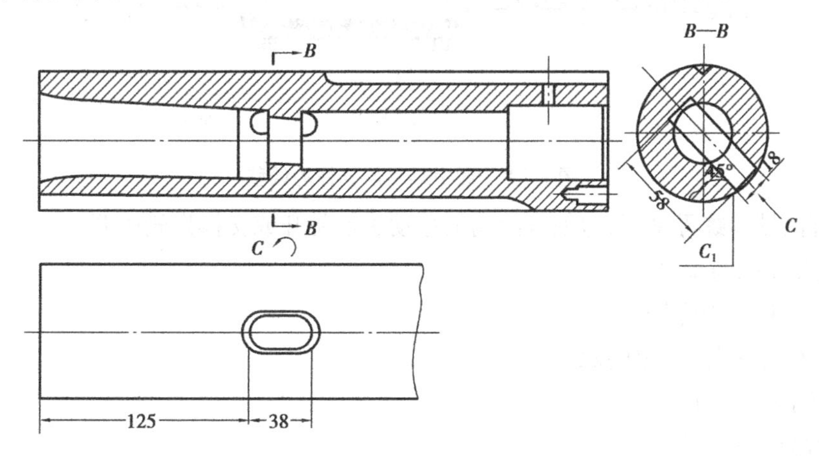

图1-7-7　尾座套筒改装

10)溜板箱自动进给手柄容易脱开

(1)故障原因分析

①溜板箱内脱落蜗杆的压力弹簧调节过松。

②蜗杆托架上的控制板与杠杆的倾角磨损。

③自动进给手柄的定位弹簧松动。

(2)故障排除与检修

①调整脱落蜗杆可用特殊扳手松开螺母及弹簧(图1-7-8)。当蜗杆在进给量不大却自行脱落时,应旋紧螺母以压紧弹簧,但绝不能把弹簧压得太紧,否则在车床过载时,蜗杆将不能脱开而失去它应有的作用,甚至造成车床损坏。

②对控制板进行焊补修复,并将挂钩处修锐。

③调紧弹簧,若定位孔磨损,可铆补后重新打孔。

11)溜板箱自动进给手柄在碰到定位挡块后仍不能脱开

(1)故障原因分析

①溜板箱内的脱落蜗杆压力弹簧调节过紧。

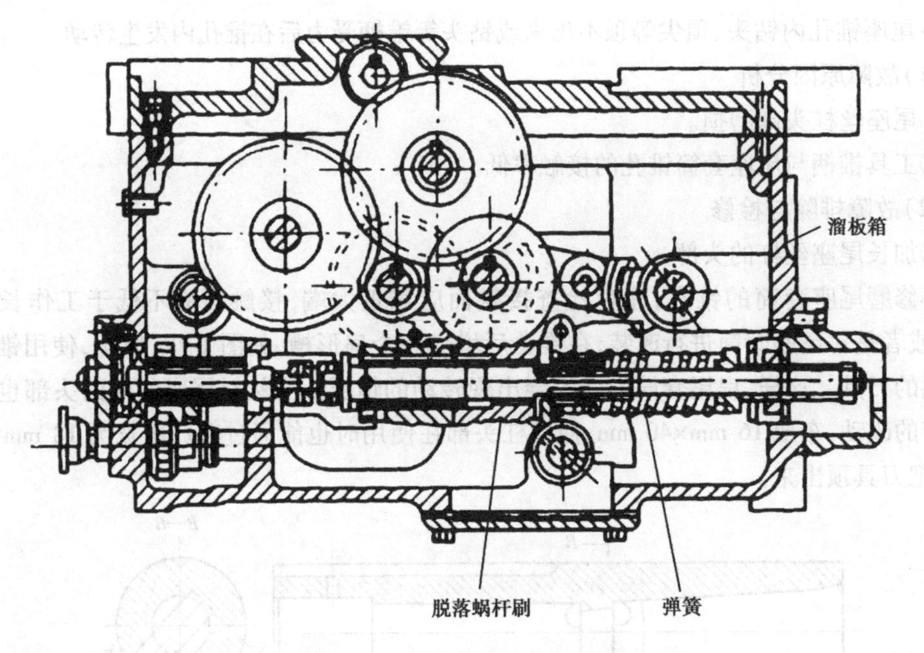

图 1-7-8 溜板箱脱落蜗杆的调整

②蜗杆的锁紧螺母紧死,迫使进给箱的移动手柄跳开或交换齿轮脱开。

(2)故障排除与检修

①适当调松压力弹簧。

②松开锁紧螺母,调整间隙。

12)主轴箱油窗不滴油

(1)故障原因分析

①油箱内缺油或滤油器,油管堵塞。

②油泵磨损,压力过小或油量过小。

③进油管漏压。

(2)故障排除与检修

①检查油箱里是否有润滑油;清洗滤油器,疏通油管。

②检查修理或更换油泵。

③检查漏压点,拧紧管接头。

13)车床润滑不良

(1)故障原因分析

没有按规定对各摩擦面和润滑系统加油。车床零件的所有摩擦面,应按期进行全面润滑,以保证车床工作的可靠性,并减少零件的磨损及功率的损失。

(2)故障排除与检修

车床的润滑系统如图 1-7-9 所示,车床使用者应遵守以下规定:

①车床采用 L-AN46 号全损耗系统用润滑油,其黏度为$(3.81\sim4.59)\times10^{-6}\ m^2/s$,用户可按工作环境的温度在上述范围内调节。主轴箱及进给箱采用箱外循环强制润滑。油箱和

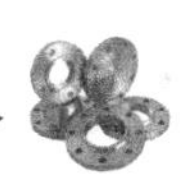

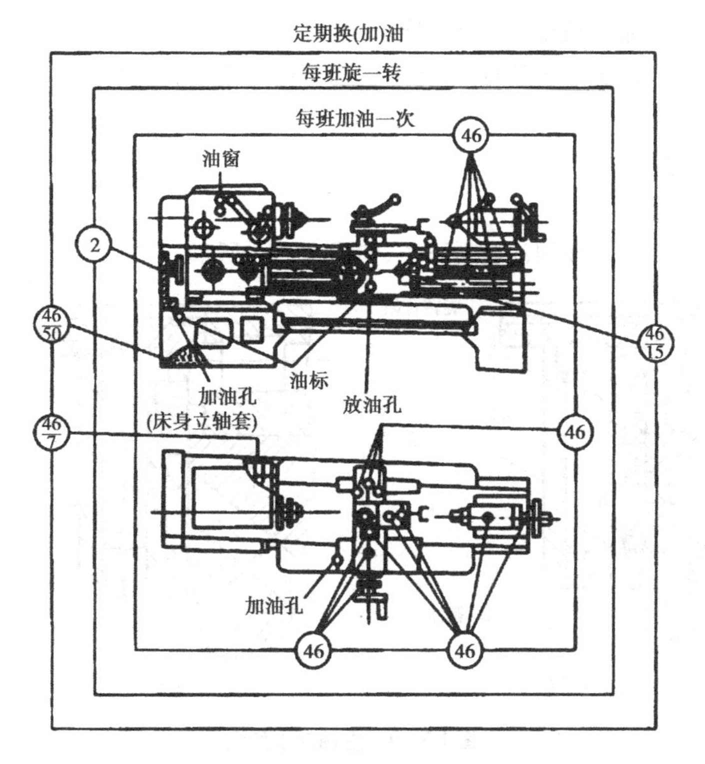

图 1-7-9　车床润滑系统图

溜板箱的润滑油在两班制的车间约 50 ~ 60 天更换一次，但第一次和第二次应为 10 天或 20 天更换，以便排出试车时未能清除的污物。废油放净后，储油箱和油线要用干净煤油彻底洗净，注入的油应用网过滤，油面不得低于油标中心线。

②油泵由主电动机拖动，把润滑油打到主轴箱和进给箱内。开机后应检查主轴箱油窗是否出油。启动主电动机 1 min 后主轴箱内应产生油雾，各部均得到润滑油，主轴方可启动。进给箱上有储油槽，使油泵出的油润滑各点。最后，润滑油流回油箱。主轴箱后端的三角形滤油器，每周应用煤油清洗一次。

③溜板箱下部是储油槽，应注油达到油标的中心线为止。床鞍和床身导轨的润滑是由床鞍内的油盒供给润滑油的。每班加一次油，加油时旋转床鞍手柄将滑板移至床鞍后方或前方，在床鞍中部的油盒中加油；溜板箱上有储油槽，由羊毛线引油润滑各轴承。蜗杆和部分齿轮浸在油中，转动时，油雾润滑各齿轮。当油位低于油标时，应打开加油孔向溜板箱内注油。

④刀架和横向丝杠用油枪加油。床鞍防护油毡每周用煤油清洗一次，并及时更换已磨损的油毡。

⑤交换齿轮轴头有一塞子，每班拧动一次，使轴内的 2 号钙基润滑脂供应轴与套之间润滑。

⑥床尾套筒和丝杠、螺母的润滑可用油枪每班加油一次。

⑦丝杠、光杠及变向杠的轴颈润滑由后托架的储油槽内的羊毛线引油，每班注油一次。

⑧变向机构的立轴每星期应注油一次。

⑨YFD-100-01 液压仿形刀架，调整手柄部分的两个油杯、刀架轴上的油塞、导轨的润滑，每班加油一次。

14）主轴前法兰盘处漏油

（1）故障原因分析

①法兰盘回油孔与箱体回油孔对不正，如图 1-7-10 所示。

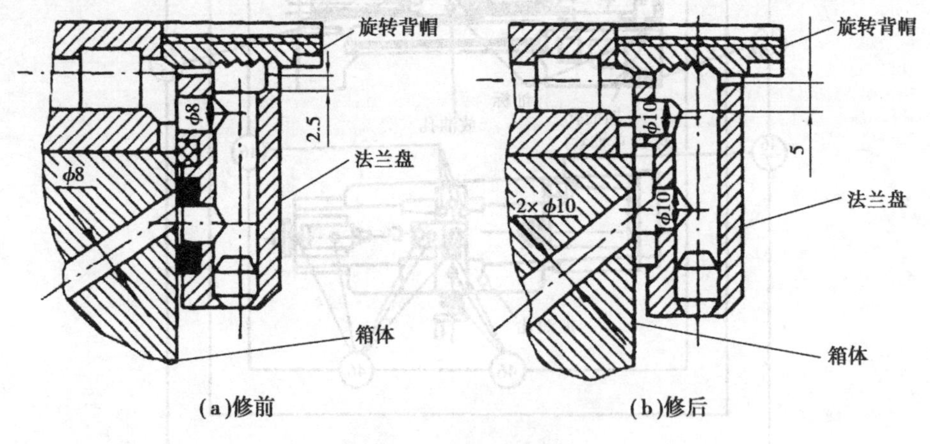

图 1-7-10　主轴前法兰盘

②法兰盘封油槽太浅使回油空间不够用，迫使油从旋转背帽和法兰盘间隙中流出来。

（2）故障排除与检修

①使回油孔对正畅通。

②加深封油槽，从 2.5 mm 加深至 5 mm；加大法兰盘上的回油孔；箱体回油孔改为两个；压盖上涂密封胶或安装纸垫。

15）主轴箱手柄座轴端漏油

（1）故障原因分析

手柄轴在套中转动，轴与孔之间配合为币 18 H7/f7，油从配合间隙渗出来。

（2）故障排除与检修

将轴套内孔一端倒棱 C2.5 mm，使已溅的油顺着倒棱流回油箱，如图 1-7-11 所示。

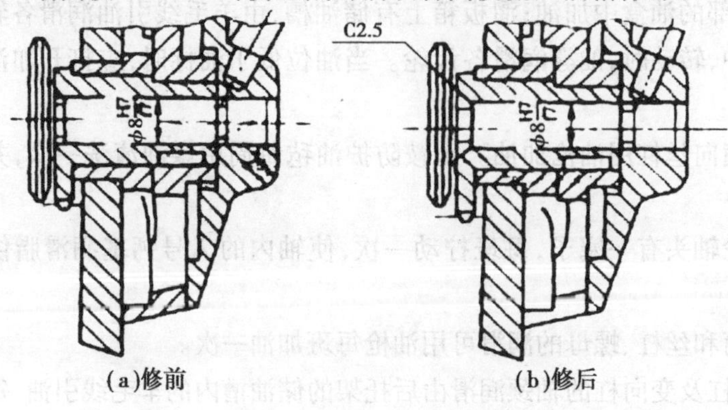

图 1-7-11　主轴箱手柄座

16）主轴箱轴端法兰盘处漏油

（1）故障原因分析

①法兰盘与箱体孔配合太长，箱体孔与端面不垂直，螺钉紧固后松动。

②纸垫太薄，没有压缩性。

③有的螺孔钻透了。

（2）故障排除与检修

①尽可能减少法兰盘与箱体孔的配合长度。

②纸垫加厚或改用塑料垫，如图1-7-12所示。

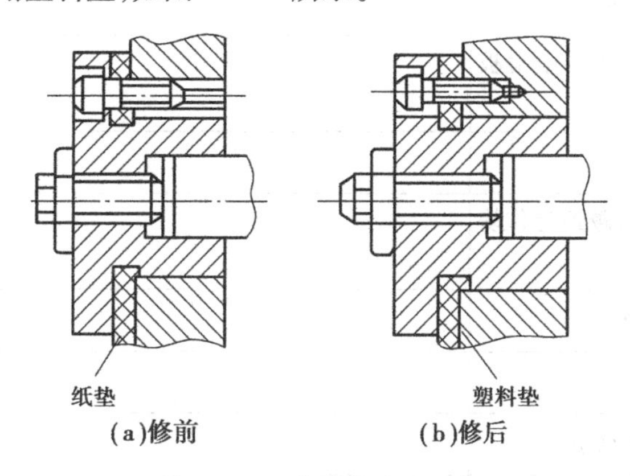

图1-7-12　主轴箱端法兰盘

17）溜板箱轴端漏油

（1）故障原因分析

①装配质量差，在钻M6螺孔时有的钻透，油顺螺孔漏出。

②轴和孔的配合产生间隙。

（2）故障排除与检修

①提高装配质量。

②把Js配合改为n6配合，使得轴与孔配合间隙减小，如图1-7-13所示。

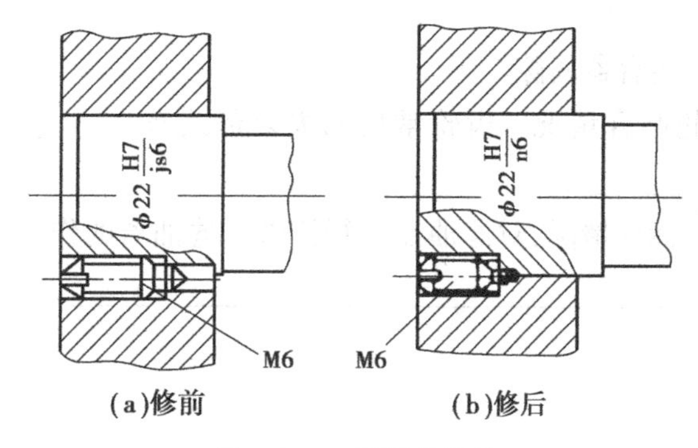

图1-7-13　溜板箱轴端

2.对CA6140车床机械运动和润滑进行检查（表1-7-1）

表 1-7-1

序号	项目	状态描述	引起故障	备注
1	带传动			
2	磨擦离合器			
3	主轴制动机构			
4	主轴箱变速链条			
5	主轴箱啮合齿轮			
6	方刀架手柄压紧后小滑板丝杆阻力			
7	尾座套筒			
8	自动进给手柄碰到定位块是否脱开			
9	主轴箱油窗滴油			
10	溜板箱油标			
11	各润滑点润滑情况			
12	主轴箱法兰盘处密封			
13	主轴箱手柄座处密封			

3. 调整车床带传动的松紧。

(1)车床 V 带型号是________。对中心距一般 V 带传动,用大拇指在 V 带与带轮两切点处的中间处以能将 V 带按下________ mm 左右为宜。

(2)带传动张紧方式有__________、__________和__________。CA6140 车床带传动的张紧方式是__________。

4. 试调整双向摩擦离合器间隙。

5. 检查主轴箱齿轮啮合情况。齿轮常见的失效形式有____________、____________、____________和____________。

6. 检查主轴箱油窗滴油情况,对滤油器进行清洗。滤油器的作用是____。

评价与分析

学习活动过程评价表

<table>
<tr><td>班级</td><td></td><td>姓名</td><td></td><td>学号</td><td></td><td>日期</td><td>年　月　日</td></tr>
<tr><td>序号</td><td colspan="4">评价要点</td><td>配分</td><td>得分</td><td>总评</td></tr>
<tr><td>1</td><td colspan="4">熟悉了解车床常见故障及处理方法</td><td>20</td><td></td><td rowspan="8">A○(86～100)
B○(76～85)
C○(60～75)
D○(60以下)</td></tr>
<tr><td>2</td><td colspan="4">对车床机械运动故障和润滑检查</td><td>20</td><td></td></tr>
<tr><td>3</td><td colspan="4">对带传动进行调整</td><td>25</td><td></td></tr>
<tr><td>4</td><td colspan="4">调整双向摩擦离合器间隙</td><td>25</td><td></td></tr>
<tr><td>5</td><td colspan="4">清洗滤油器</td><td>10</td><td></td></tr>
<tr><td>6</td><td colspan="4"></td><td></td><td></td></tr>
<tr><td>7</td><td colspan="4"></td><td></td><td></td></tr>
<tr><td>8</td><td colspan="4"></td><td></td><td></td></tr>
<tr><td>小结建议</td><td colspan="7"></td></tr>
</table>

学习任务2

学习故障检测技术及应用

学习目标

- 熟悉设备振动检测技术。
- 能根据测定对象选择测定参数和测定点。
- 能应用测量数据根据判断标准对设备的工作状态是否正常作出判断。
- 能熟练使用测振仪。
- 能使用测振仪器对旋转机械设备实施简易诊断。
- 熟悉油样诊断技术的功用。
- 了解油样诊断技术的方法。
- 能正确使用油样诊断技术设备,尤其是直读式铁谱仪。
- 能掌握直读式铁谱仪进行油样分析的方法和步骤。
- 能通过谱片上磨粒分布定性、定量分析来判断机器的磨损状态。
- 了解超声波探伤的作用。
- 了解超声波探伤原理。
- 熟悉超声波探伤仪。
- 掌握超声波探伤仪的操作。
- 能利用探伤仪对工件进行简单的缺陷检测。
- 能知道回转件做静平衡的意义。
- 能正确使用、维护静平衡台。
- 能用静平衡台对回转件做静平衡。

- 能用试加重量法或减重量法消除转子静不平衡。
- 掌握刚性转子动平衡的试验方法。
- 初步了解动平衡试验机的工作原理及操作特点。

●建议学时

30 学时

●学习情境描述

机械设备的检测包含设备动态检测和设备修理中的检测。设备动态检测使设备维修体制实现了从预防维修制向预知维修制的转变。预知维修制的基础是设备诊断技术，即设备的状态检测技术和故障诊断技术。应用故障诊断技术对机械设备进行检测和诊断，可以及时地发现机器的故障，从而预防设备事故的发生，避免人员伤亡和经济损失以及环境污染；应用故障诊断技术可以找出机械设备中存在的事故隐患，以便采取适当措施，消除事故隐患。本任务就是通过对学校一些设备或机器零件利用故障诊断技术进行检测，来学习撑握基本的故障诊断技术的方法和诊断仪器的使用。

●工作流程与活动

本任务中，将学习各种诊断技术的相关知识，掌握各种诊断技术的操作方法和步骤，学会各种诊断仪器的使用方法，对学校现有设备进行检测、记录、分析，并得出诊断结果。为后续维护保养或修理提供重建议和依据。

学习活动 2.1	振动检测技术与应用	6 学时
学习活动 2.2	油样分析技术与应用	6 学时
学习活动 2.3	超声波探伤技术与应用	6 学时
学习活动 2.4	转子静平衡实验	6 学时
学习活动 2.5	回转体动平衡实验	6 学时

学习活动 2.1 设备振动检测技术与应用

学习目标

- 能了解熟悉设备振动检测技术。
- 能根据测定对象选择测定参数和测定点。
- 能应用测量数据根据判断标准对设备的工作状态是否正常作出判断。
- 能熟练使用测振仪。
- 能使用测振仪器对旋转机械设备实施简易诊断。

建议学时

6 学时

学习准备

CA6140 车床,测振仪,测振仪使用说明书。

学习过程

1. 振动检测的方法

在设备故障诊断方法中,振动分析法应用最多,本节仅介绍振动检测的诊断方法。

1)振动测量

振动测量是指从运转设备上取得位移、速度、加速度、频率和相位等振动参数,通过对这些参数的分析,了解设备的技术状态,找出设备发生故障的原因。

振动位移、速度、加速度之间保持着简单的微积分关系,所以在许多测量振动的仪器中往往带有简单的微积分网络,操作者可以根据需要进行位移、速度、加速度之间的切换。

测量系统包括信号转变、信号放大和显示记录三个部分。根据测量参数的不同,测量系统各部分的组成也有所不同。

测量振动位移时,信号的转变常用电容式位移传感器和涡电流式位移传感器来实现,这两种传感器都是非接触式的。机械振动属于微幅运动,选择位移传感器时应注意使传感器的量程与振动强度相配合。

测量振动速度时,信号的转变常用磁电式速度计来实现。这种传感器的适用频率范围一般为 10 ~50 Hz。它依靠线圈在永久磁场里的相对运动切割磁力线,产生与速度成正比的电信号,从而实现振动信号的转变。

测量振动加速度时,信号的转变常用压电式加速度计来实现,这种传感器是利用天然石英晶体或人工极化陶瓷等物质的压电效应制成的。它输出电荷,属发电型传感器,其灵敏度高,频率范围广(0.1 ~40 kHz),线性动态幅值范围大,而且体积小、质量小,是目前应用最多的一类传感器。

2)振动分析

①在机器机构和系统中,所有的实际工作过程都伴随着振动。由于运动部件不易平衡,因此,对于失衡的运动零件,其直线运动时的加速度都是振动的根源。从运动学的观点来看,物体围绕平衡位置作往复运动称为振动。振动量随时间的变化过程可用曲线来表示,即为振动波形。振动波形有两个基本特征量——振幅和频率。

②频谱分析及频谱图机器的振动很小一部分是简单的正弦振动,大部分是随机振动。它是一种非确定性的振动,其运动周期是不规则的,在时间域内的波形不能精确地重复出现。图 2-1-1 所示是活塞周期振动的波形图,其时域波形是规则的,但它是由两个正弦波叠加而成的。如图 2-1-2 所示,其中振幅较大正弦波的周期 T_1 为振幅较小正弦波周期的两倍。把复杂的振动信号分解成一系列单一正弦波的过程称为频谱分析,表示各个频率的成分及其幅值的图形称为频谱图,它们是运用振动测量进行故障分析的基础。实际测量得到的频谱图是非常复杂的。

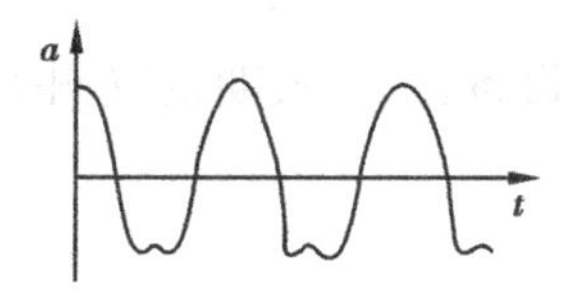

图 2-1-1 内燃机活塞周期振动波形

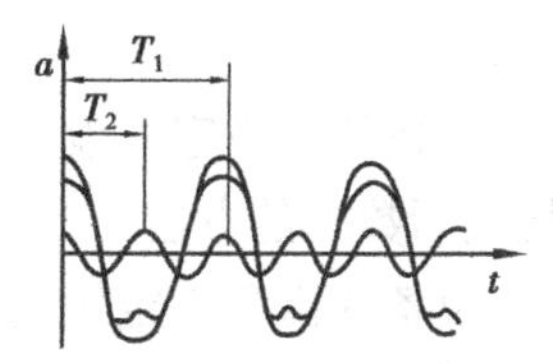

图 2-1-2 正弦波的迭加

③信号处理测出的振动波形虽然可以在振动计上直接读取,但是为了正确了解设备的状态,一般要用数据记录器将波形记录下来,然后用各种信号处理技术对其加以分析。信号处理技术的种类如图 2-1-3 所示。

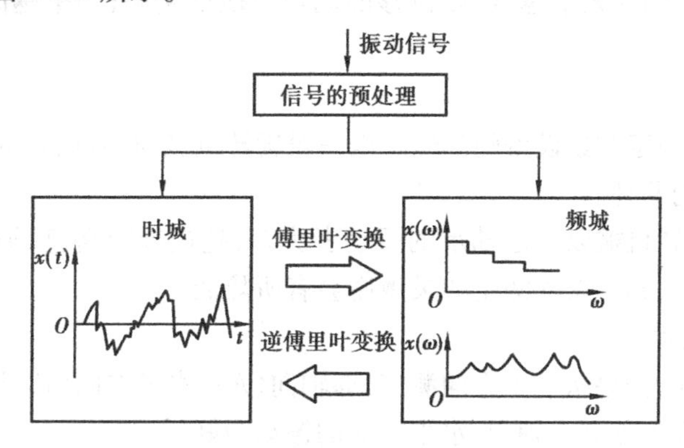

图 2-1-3 信号处理技术的种类

a. 时域信号处理技术将振动信号作为时间 t 的函数 $x(t)$ 来考虑,进行域分析是振动波形分析的一种方法。分析确定振幅随时间变化的特性,然后与机器正常状态下的特性相比较,从而对机器的工作状态进行判断和预测。

b. 频域信号处理技术,即将一个时域信号利用傅里叶变换频率的函数进行频域分析。也就是将振动波形按傅里叶变换对于频率的相位和振幅的置换。反之则称为逆傅里叶变换。

2. 掌握利用振动检测技术对旋转机械设备的劣化征兆进行定量控制的方法及步骤

1)诊断对象的选定

在工厂里,如将全部设备均作为简易诊断的对象,那么在效率和效果两个方面都是不理想的。另外,在技术上也不可能这样做,必须经过充分的研究来选定作为诊断对象的设备。列为必须诊断对象的设备有:

①主要生产设备。

②虽是附属设备,但停机后预期会产生很大损失者。

③发生故障后,预期会产生公害的设备。

④维修费用高的设备。

2)测定方法的确定

测定方法有下述三种:

①人工进行定期测定。

②由于安全原因不能靠近对象设备时,可在安全的地方设置能获得检测信号的连接箱,由人进行定期测定。

③对于测定条件不稳定的设备和劣化速度非常快的设备,采用长期设置测头以定期、实时、自动采集判断数据的方法。

根据对象设备的需要确定用何种方法进行测定。

3)测定参数的选定

旋转机械设备的振动,有位移、速度、加速度三种测定参数。通过测定最大范围的振动来监控设备的劣化状态时,需要很好地利用这三种参数。

通常,低频以位移或速度为测定参数,中频以速度为测定参数,高频以加速度为测定参数的情况居多。这是因为频率越低,则位移的测定灵敏度越高;频率越高,则加速度的测定灵敏度越高。

4)测定点的选定

首先,必须确定测定对象设备的部位。以一般旋转机械为例,振动的测定方法有测定轴承振动和测定轴振动两种。

通常,对低速旋转机械以测定轴承的振动者为多;越接近于高速,则测定轴的位移者越多。这是因为高速时,轴承振动测定的灵敏度会有所降低。

(1)测定轴承振动

测定轴承振动时,需要从三个方向测定,即轴向(A)、水平方向(H)和垂直方向(V)。测定位置以在轴中心高度处测定轴向、水平方向的振动为好。

使用这种方法,重要的是尽量在三个方向上都要进行测定。因为根据劣化种类所发生的方向不同,对于低频率振动的监控是很重要的(对于高频,一般因其无方向性,通常只从一个方向进行监控居多)。例如:不平衡易发生在水平方向,不同轴性易发生在轴向,而松动则易在垂直方向上发生。

对于测定点数量多的情况，测定时要考虑到效率问题，测定点位置应尽可能选在敏感点上。

(2)测定轴振动

测定轴振动时，通常的测定法如图2-1-4所示。图2-1-4(a)所示是在轴承处装设非接触型位移计(一般为涡流式)，监控位移计与轴表面的间隙，也就是监控轴承与轴之间相对位移的方法；图2-1-4(b)所示为测定轴的绝对位移的方法，这种方法用得少。

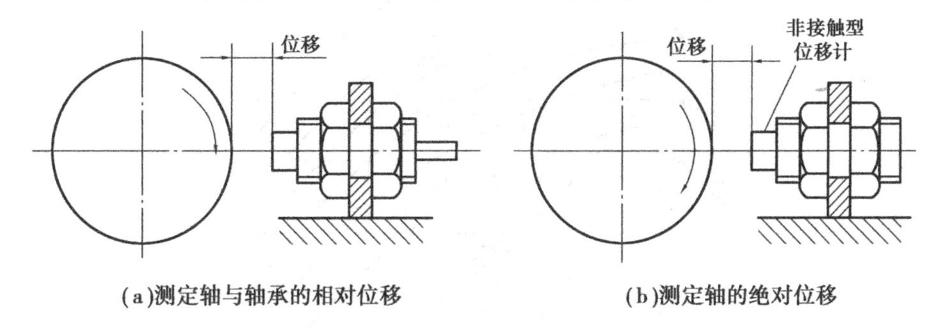

(a)测定轴与轴承的相对位移　　(b)测定轴的绝对位移

图2-1-4　轴振动的测定方法

所取测定方向多数情况下仍然是三个。对于径向振动，习惯的做法是在水平、垂直方向上进行测定。

5)测定周期的确定

确定测定周期时，最重要的是对劣化速度进行充分的研究。例如，对于磨损劣化发展缓慢的，可以采用较长的周期；而当高速旋转体异变后可能立即造成故障的设备，则需要进行实时检测。此外，对于一般由人工操作进行的测定，其规定的测定周期必须能充分地反映机械的劣化程度。表2-1-1所示为一些设备的标准测定周期，但这些只是基本的测定周期，一旦发现测定数据有变化征兆，就要缩短测定周期。

表2-1-1　设备的测定周期

高速旋转机械	汽轮压缩机、燃气轮机、蒸汽轮机	每日测定
一般旋转机械	水泵、风扇、鼓风机、蒸汽轮机	每周测定

6)判断标准的确定

要判定设备的工作状态是否正常，必须把测量数据跟判断标准作比较。目前常用的判断标准有下述三种。

(1)绝对判断标准

它是根据各类设备的大量统计数据进行统计分析而制定的一些通用振动标准。在采用绝对判断标准时，只有在掌握标准的适用频率范围和测定方法后，才能加以选用。

下面研究轴承振动标准。图2-1-5所示为大型旋转机械的振动标准实例，它是根据经验制定的判断标准，属于位移标准。由图所示的判断标准可知，转速越高，与之成反比的允许位移量越小。

国际标准化组织确定的振动标准见表2-1-2。标准中根据速度的有效值把振动的剧烈程度分为 A, B, C, D 四级, A 级最好, D 级是不允许的。

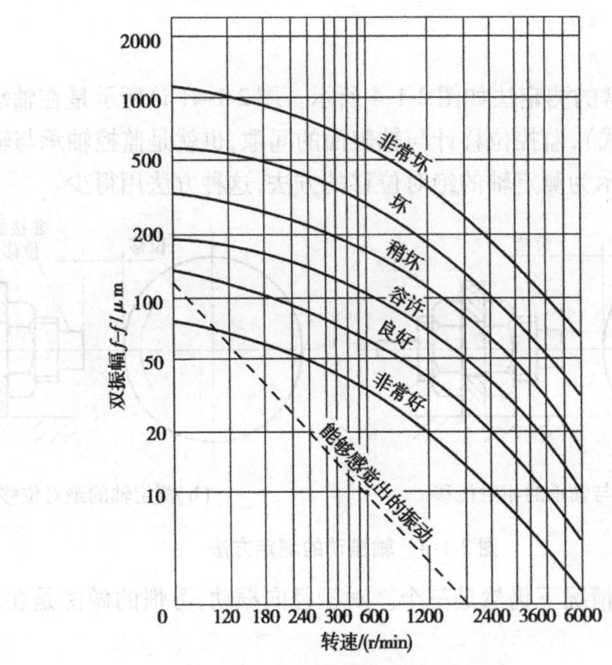

图 2-1-5　大型旋转机械的振动标准

表 2-1-2　振动标准的实例

振动强度 范围	速度有效值 /(mm·s⁻¹)	ISO 2372 Ⅰ级	Ⅱ级	Ⅲ级	Ⅳ级	ISO 3945	
0.28	0.28	A	A	A	A	优	优
0.45	0.45						
0.71	0.71	B					
1.12	1.12		B				
1.8	1.8	C		B		良	
2.8	2.8		C		B		良
4.5	4.5	D		C		可	
7.1	7.1		D		C		可
11.2	11.2			D		不可	
18	18				D		不可
28	28						
45	45						
71							

注: Ⅰ级为小型机械(如 15 kW 以下的电动机); Ⅱ级为中型机械(如 15 ~ 75 kW 的电动机和 300 kW 以下的机械); Ⅲ级为大型机械(安装在坚固的重型基础上), 转速为 600 ~ 12 000 r/min, 振动测定范围为 10 ~ 1 000 Hz, Ⅳ级为大型机械。

在测定高频振动时，宜采用加速度作判定标准。加速度标准的实例如图 2-1-6 所示。

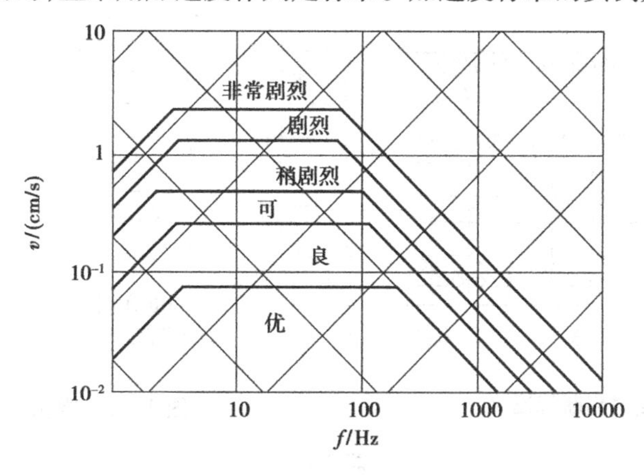

图 2-1-6　加速度标准

加工机床的振动标准见表 2-1-3。对于加工机床，由于刀具与工件的相对运动对所加工产品的尺寸精度有直接影响，故可理解为位移标准。

表 2-1-3　加工机床的振动标准示例　　　　（单位：μm）

内　容	标准值
螺纹磨床	0.25 ~ 1.5
仿形磨床	0.76 ~ 2.0
外圆磨床	0.76 ~ 5.0
平面磨床	1.27 ~ 5.0
无心磨床	1.00 ~ 2.5
镗床	1.52 ~ 2.5
车床	5.00 ~ 25.4

（2）相对判断标准

相对判断标准是指对同一部位定期进行测定，并按时间先后进行比较，以正常情况下的值为原始值，根据实测值与原始值的比值来进行判断的方法。

对于低频振动，按照过去的经验和感觉，当振动值达到原始值的 4 倍时，即可知道已经发生了变化。所以，通常将标准定为：实测值达到原始值的 1.5 ~ 2 倍时为注意区域，约 4 倍时为异常区域。对于高频振动，根据零件的强制劣化实验结果，将原始值的 3 倍定为注意区域，6 倍左右定为异常区域。图 2-1-7 所示就是这种判断标准的实例。

（3）类比判断标准

所谓类比判断标准，是指当数台同样规格的设备在相同条件下运动时，通过对各台设备的同一部位进行测定和比较来掌握异常程度的方法。图 2-1-8、表 2-1-4 所示是这种标准的实例。

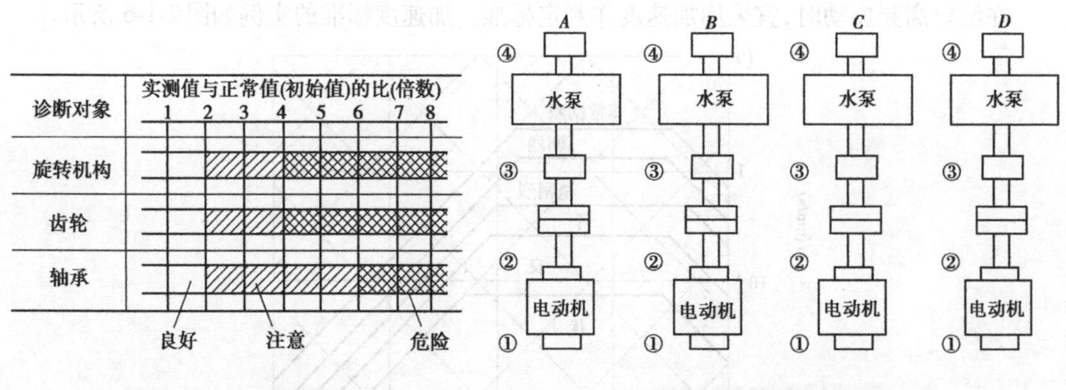

图 2-1-7　相对判断标准　　　　图 2-1-8　类比判断标准

表 2-1-4

泵名 \ 测定部位	速度/(cm · s⁻¹) ①H	②H	③H	④H
A	0.06	0.07	0.06	0.07
B	0.06	0.05	0.07	0.06
C	0.06	0.07	0.14	0.17
D	0.06	0.07	0.05	0.07

选用上述三种判断标准时,应优先考虑绝对判断标准。如考虑到设备的老化状况等因素,过去的判断标准就不能全部适用。所以在这种情况下,必须由用户单独按对象设备来确定合适的判断标准,其中包括相对判断标准和类比判断标准。

3. 振动测量是指从运转设备上取得________、________、________、________、________等振动参数,通过对这些参数的分析,了解设备的________,找出设备的________。

4. 振动波形的两个基本特征量是________和________。

5. 简述时域信号处理技术。

6. 阅读振动仪使用说明书,掌握振动仪使用方法。

7. 试以 CA6140 车床主轴及主轴前后轴承作为测量对象用振动仪测量其振动。
(1)测定轴承振动时需要从哪几个方向测量?

(2)测定轴振动时需要从哪几个方向测量?

(3)测量时应选哪个参数测量?

8. 根据测量数据与判断标准对照,判断机床运行技术状态。
(1)目前常用的判断标准有哪几种?

(2)分析应使用什么判断标准?

(3)设备的技术状态如何?

评价与分析

学习活动过程评价表

<table>
<tr><td>班级</td><td></td><td>姓名</td><td></td><td>学号</td><td></td><td>日期</td><td>年　月　日</td></tr>
<tr><td>序号</td><td colspan="5">评价要点</td><td>配分</td><td>得分</td><td>总评</td></tr>
<tr><td>1</td><td colspan="5">能正确使用测振仪</td><td>20</td><td></td><td rowspan="8">A○(86~100)
B○(76~85)
C○(60~75)
D○(60 以下)</td></tr>
<tr><td>2</td><td colspan="5">能根据测量对象选择测量参数</td><td>10</td><td></td></tr>
<tr><td>3</td><td colspan="5">能正确选定测点</td><td>15</td><td></td></tr>
<tr><td>4</td><td colspan="5">能查阅判断标准</td><td>10</td><td></td></tr>
<tr><td>5</td><td colspan="5">正确回答上面所列问题</td><td>25</td><td></td></tr>
<tr><td>6</td><td colspan="5">能根据测量数据判断设备状态</td><td>20</td><td></td></tr>
<tr><td>7</td><td colspan="5"></td><td></td><td></td></tr>
<tr><td>8</td><td colspan="5"></td><td></td><td></td></tr>
<tr><td>小结建议</td><td colspan="8"></td></tr>
</table>

学习活动 2.2 油样诊断技术与应用

学习目标

- 熟悉油样诊断技术的功用。
- 了解油样诊断技术的方法。
- 能正确使用油样诊断技术设备，尤其是直读式铁谱仪。
- 能掌握直读式铁谱仪进行油样分析的方法和步骤。
- 能通过谱片上磨粒分布定性、定量分析来判断机器的磨损状态。

建议学时

6 学时

学习准备

CA6140 车床主轴箱润滑油，分析式铁谱仪、直读式铁谱仪，铁谱仪使用说明书，取样油杯，教材。

学习过程

1. 了解油样诊断技术的作用

1）相关知识

油样诊断技术是指抽取油样并测定油样中磨粒的特征，从而分析、判断机器零件磨损况的方法。如对油样中磨粒的含量、尺寸、成分和磨粒形态、表面形貌、粒度分布等进行分析，可发现磨损的类型、程度和部位，得出机器中零件运行状态的信息，作为判断机器状态的依据。

根据工作原理和检测手段的不同，在机械设备故障诊断中，油样分析方法可分为磁塞检查法、油样光谱分析法和油样铁谱分析法等。它们对油样中磨粒尺寸的敏感范围是不相同的：磁塞检查法适用于磨粒尺寸大于 50 μm 的情况，光谱分析法适用于磨粒尺寸小于 10 μm 的情况，而铁谱

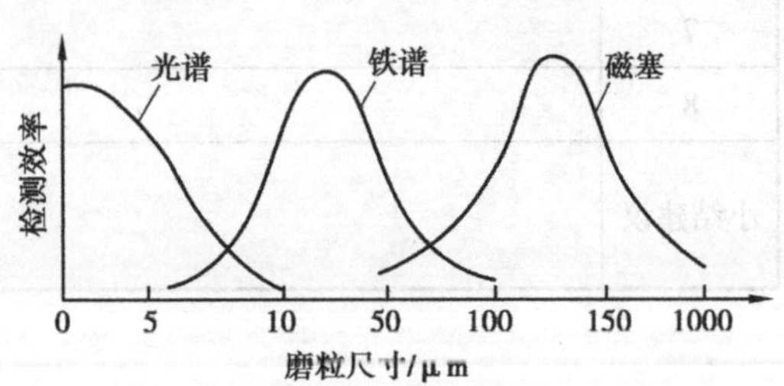

图 2-2-1 三种油样分析法的适用范围

分析法适用于磨粒尺寸为5～100 μm的情况，如图2-2-1所示。

2)油样诊断的功用是什么？

3)油样分析方法有哪些，各适用于什么磨粒范围？

2. 熟悉磁塞检查法的磁塞结构、工作原理

(1)磁塞结构简介

磁塞由磁钢4、用非导磁材料制成的磁塞座7、磁塞心8、自闭阀3(更换磁塞时，利用弹簧作用能堵住润滑油)和弹簧5等组成，如图2-2-2所示。

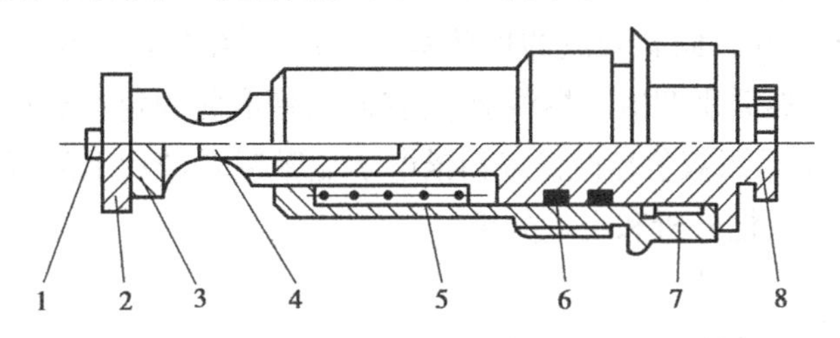

图2-2-2　磁塞结构示意图

1—螺钉;2—挡圈;3—自闭阀;4—磁钢;5—弹簧;6—密封圈;7—磁塞座;8—磁塞心

(2)磁塞工作原理

将带有磁性的磁塞插入润滑油中，收集磨损产生的铁质磨粒，借助读数显微镜或者直接用肉眼观察磨粒的大小、数量和形状特点，判断机械零件的磨损程度。用磁塞法可以观察出磨损后期磨粒尺寸较大的情况。若磨粒小且数量较少，说明设备运转正常;若发现大磨粒，就要重视起来，严加注意设备的运行状况;若多次、连续发现大磨粒，便是设备即将出现故障的征兆，应停机检查，寻找故障部位，立即进行排除。

(3)用磁塞对齿轮箱进行监测

用磁塞对设备运行状态监测的方法，特别适用于用全损耗系统用油或低黏度润滑油进行润滑的闭式齿轮箱。将磁塞安装在润滑油循环使用的回油总出口附近，有利于尽量多地收集齿轮的磨损磨粒，从而及时发现各种不同的齿轮失效形式，以便采取合适的措施，防止突发性事故的发生。

(4)磁塞检查法的工作原理是什么？

3. 掌握油样铁谱分法

1）相关知识

油样铁谱分析法的基本原理是将油样按操作步骤稀释，并使之通过一个强磁场。稀释后的油样在强磁场的作用下，由于磨损磨粒大小的不同，能通过的距离也不同。根据油样中磨损磨粒在玻璃试管中或在玻璃基片上的沉淀情况，就可以对机器零件的磨损程度作出初步的判断。然后，用双色显微镜或扫描电子显微镜观察磨损磨粒的形貌，可以得到磨损磨粒的数量、形态、成分和磨损程度等多种信息。

目前，已有分析式铁谱仪、直读式铁谱仪、在线式铁谱仪和旋转式铁谱仪四种各具特色的铁谱仪，其中比较成熟的是分析式铁谱仪和直读式铁谱仪。这两种铁谱仪现在应用比较普遍，以下将作主要介绍。

（1）分析式铁谱仪

①分析式铁谱仪主要由铁谱仪和双色显微镜两大部分组成。铁谱仪的组成及工作原理如图 2-2-3 所示，它由油样试管 1、微量泵 2、玻璃基片 3、磁铁装置 4、导流管 5、和储油杯 6 组成。将经过稀释的油样注入倾斜安放的玻璃基片上，油样中的磨损磨粒在磁场力的作用下会沉淀在玻璃基片上；然后用四氯乙烯溶液清洗残油，使磨粒固定在玻璃基片上形成玻璃谱片，如图 2-2-4 所示；最后用双色显微镜或扫描电子显微镜对谱片上的磨粒进行观察分析和计数，进而对磨粒作出定性分析和定量分析。

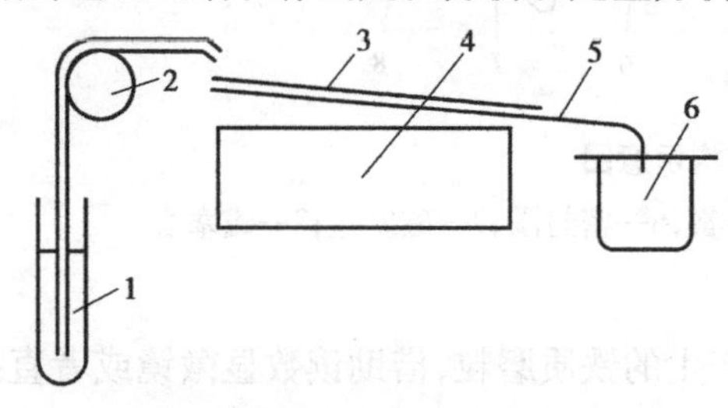

图 2-2-3　分析式铁谱仪示意图

1—油样试管；2—微量泵；3—玻璃基片；
4—磁铁装置；5—导流管；6—储油杯

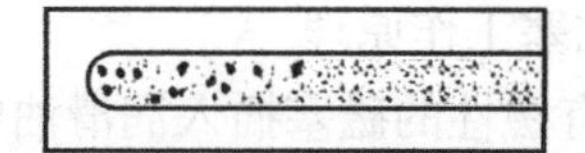

图 2-2-4　谱片上磨粒分布情况

②定性分析。对磨粒的状态特征、颜色特征、尺寸大小的差异和磨粒的成分进行检侧及分析。这样，便于确定故障部位、磨损的类型、磨损的严重程度及失效的原因等。

③定量分析。对谱片上大、小磨粒的相对含量进行定量检测。检测时，找出最大的数值 Al，即油样中尺寸大于 5 μm 磨粒的覆盖面积占总面积的百分数。在读出 Al 处再读出最大读数 As，即油样中尺寸为 1 ~ 2 μm 小磨粒的覆盖面积占总面积百分数。$Al+As^2$ 为磨粒浓度，$Al-As$ 为磨损烈度，而 $Is=Al^2-As^2$ 为磨损烈度指数，这些参数全面地反映了磨损的状态。

（2）直读式铁谱仪

直读式铁谱仪的组成及工作原理如图 2-2-5 所示。稀释后的油样经吸油毛细管 2 从油样试管 1 中吸出，流入倾斜安放的沉淀管 3 中；在磁铁装置 5 的作用下，油样连同夹带的磨损磨粒在沉淀管中流动并沉淀，废油流入集油杯 4。沉淀管左端沉淀有大磨粒和部分小磨

粒,右端沉淀有部分小磨粒,如图 2-2-6 所示。在大、小磨粒沉淀的位置设有两道光束,光束穿过沉淀管,经导光管 7, 8 射向光电检测器 9, 10。磨粒沉淀得越多,透光越弱,由检测器接收到光的强度也越弱。持续一定时间后,数显装置上会显示出光密度读数。设 Dl 为尺寸大于 5 μm 的大磨粒的沉淀覆盖面积占总面积的百分数;设 Ds 尺寸为 1 ~ 2 μm 的小磨粒的沉淀覆盖面积占总面积的百分数。定义磨损烈度指数 $Is = D1^2 - Ds^2$。

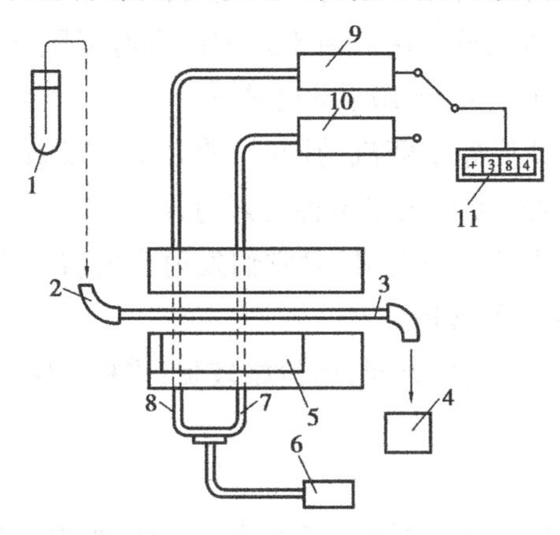

图 2-2-5　直读式铁谱仪示意图

1—油样试管;2—吸油毛管;3—沉淀管;
4—集油杯;5—铁磁装置;6—灯泡;7、8—导光管;
9、10—光电检测器;11—数量装置

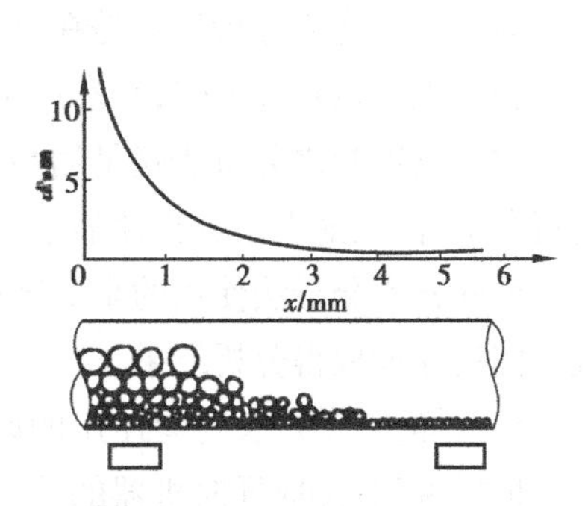

图 2-2-6　沉淀管内磨粒沉淀情况

直读式铁谱仪具有测试速度快,测试结果准确且重复性好,操作方便等优点,但它不能进一步观察和分析磨粒的形态。直读式铁谱仪适用于对机械设备的工况进行监测,一旦发现机械设备的工况异常,再用分析式铁谱仪进一步观察分析。

油样铁谱分析法是目前使用最广泛、最有发展前景的分析方法之一。铁谱仪价格低廉,提供的信息比较丰富,但对于非铁磁材料不够敏感。使用这种方法时,操作人员要严格遵守操作规程,分析结果才有可比性。油样铁谱分析法适用于检测尺寸为 5 ~ 100 μm 的磨损磨粒。

2)油样铁谱分析法的基本原理是什么?

3)目前有哪些铁谱仪,其中哪两种应用最普遍?

4)定性分析:

5)定量分析：

4. 了解油样光谱分析法

油样光谱分析法是用原子吸收光谱和原子发射光谱分析润滑油中金属的成分和含量，从而判断机器磨损程度的方法。该方法对有色金属比较适用。由于该方法具有局限性，不能得到磨损磨粒的形貌细节，因此适用于分析磨粒尺寸小于 10 μm 的情况。

原子吸收光谱分析法就是在试样经火焰加热变成原子蒸汽的同时，使元素灯发射的特定波长的光束也穿过火焰，基态原子吸收能量后，经仪器检测出该种元素的含量。

原子发射光谱分析法就是用高压电激发试样中的金属元素，对它们发射出的特性光谱进行分析，由发射光谱分析仪显示出金属元素的种类及含量。

油样光谱分析法使用的是标准的光谱分析仪。它使用方便，但价格较贵，采样后需经一段时间后才能取得分析结果。

5. 取样，对学校长时间使用的设备采集油样。

取样说明：①取样时机器的状态：运转或刚停机。②取样点：回油管路或滤油器前或油标尺套管处，避免从死角和底部采样。③取样周期：新运行间隔短，正常运行长，发现磨损后短。最好是通过实验确定。可参考的数据：飞机发动机及液压系统 50h，柴油机 100 ~ 200 h，齿轮箱 200 h。④作好取样记录。

6. 阅读学习分析式铁谱仪(图 2-2-7 所示)使用说明书。

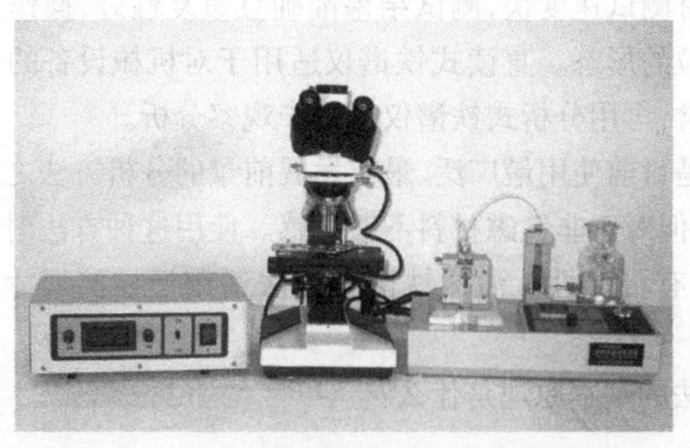

图 2-2-7　BY11-FTP-X2 型 分析式铁谱仪系统

7. 制谱。用分析式铁谱仪对采集的油样制谱。

8. 对谱片上的磨粒进行定性分析。

在不同磨损状态下形成的钢铁磨粒在显微镜下的形态如图 2-2-8 所示。

(1)正常滑动磨损残渣。对钢而言，其厚度在 1 以下的被称为剪切混合层薄层。剥落后形成的碎片，尺寸为 0.5 ~ 15 μm。

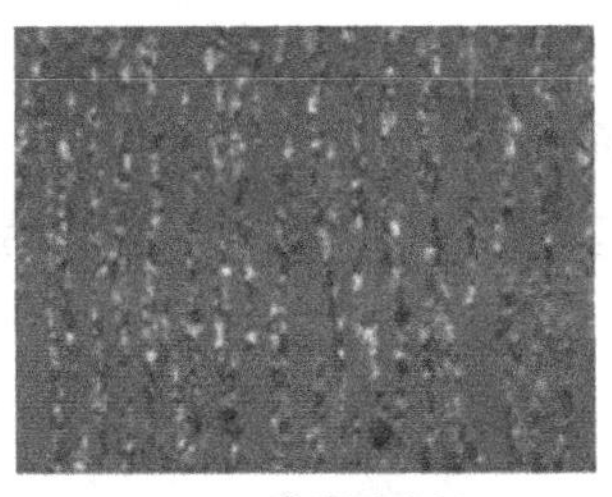
(a)正常滑动磨损

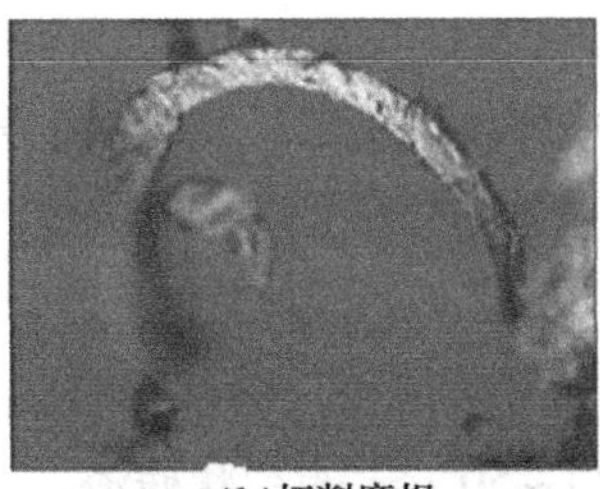
(b)切削磨损

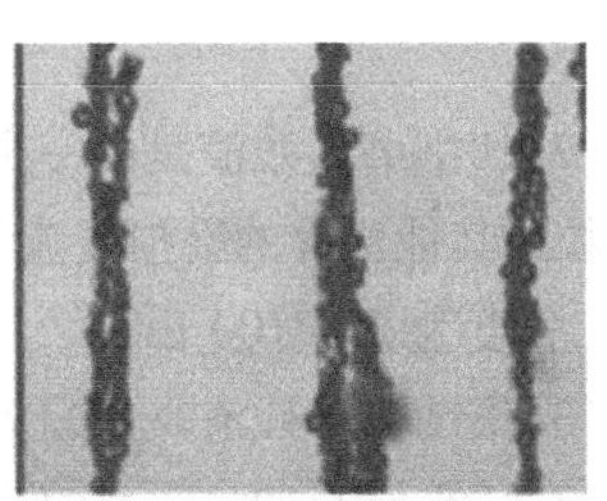
(c)典型的疲劳散裂

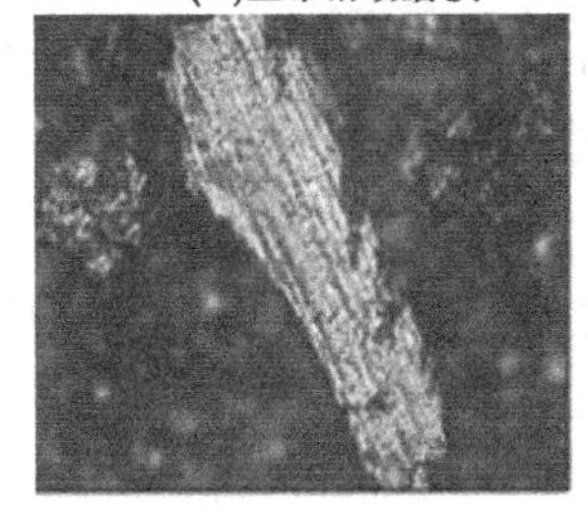
(d)剧烈滑动

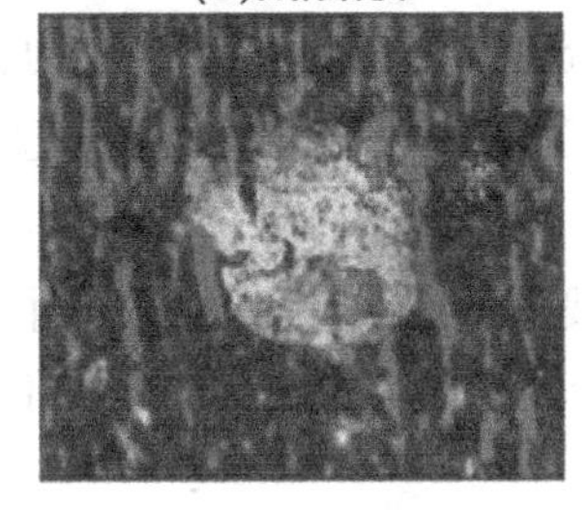
(e)轴承磨损

(f)齿轮磨损

图 2-2-8　磨粒形态

表 2-2-1

<table>
<tr><th colspan="2">微粒分类</th><th>微粒形状及尺寸特征</th><th colspan="2">磨损性质及监测注意点</th></tr>
<tr><td colspan="2">磨擦磨损微粒</td><td>薄片状,表现非意光滑,长度尺寸 0.5 ~ 15 μm,宽度约为 0.5 ~ 1 μm。</td><td colspan="2">正常磨损阶段,如机械饱和期与稳定运转期</td></tr>
<tr><td colspan="2">切削磨损微粒</td><td>形如切削加工的切屑,具有环形、曲线形与螺旋形等形状。尺寸特征是长而粗。长度为 25 ~ 100μm。宽度为 2 ~ 5 μm。</td><td rowspan="4">不正常磨损</td><td>出现大量长度的 50 μm 的切削磨粒</td></tr>
<tr><td rowspan="3">滚动疲劳磨损微粒</td><td>削落微粒</td><td>扁平鳞片形状,表面光滑,四周呈规则的凹凸形,长度为 10 ~ 100 μm,长度与登记表度之比为 10 :1</td><td rowspan="3">把握好层状磨粒与球形疲劳磨粒同时迅速增长的时机。它是发生疲劳而将导致剥落的先兆</td></tr>
<tr><td>球形微粒</td><td>有两种,直径小于 3 μm 为疲劳球形磨粒,另一种直径大于 10 μm 为非疲劳球形磨粒。</td></tr>
<tr><td>层状微粒</td><td>非常薄的金属层状微胜,表面有洞穴四周不规则为其形状特征。长度为 20 ~ 50 μm,长度之比为 30 :10。</td></tr>
<tr><td colspan="2">滚动与滑动联合磨损微粒</td><td>它为齿轮副磨损产生的微粒。块状形,厚度较厚是它的主要标识。长度为 2 ~ 20 μm,长度与厚度之比约为 4 :1</td><td rowspan="2">不正常磨损</td><td rowspan="2">注意出现厚度较厚的块状磨损微粒数量和大小磨粒比书刊号增大。</td></tr>
<tr><td colspan="2">严重滑动磨损微粒</td><td>它是由正常磨擦磨损阶段转变而来。磨粒形状包含上述各种不正常磨损微粒的形状。特点是表面不光滑有条纹或直有边缘,尺寸大于 20 μm 最大可达 200 μm 或更大。</td></tr>
</table>

(2)切削磨损残渣是由一个磨擦表面切入另一个磨擦表面形成的,或是由润滑油中夹杂的砂粒或其他部件的磨损残渣切削较软的磨擦表面形成的。其形状如带状切屑,宽度为2~5 μm,长度为25~100 μm。

(3)滚动疲劳残渣是由运动零件滚动疲劳、剥落形成的。残渣呈直径为1~5 μm的球状,间有厚度为1~2 μm、大小为20~50 μm的片状残渣。

(4)滚动疲劳兼滑动疲劳残渣主要是由齿轮节圆上的材料疲劳剥落形成的。残渣形状不规则,宽厚比为4:1至10—1。当齿轮载荷过大或速度过高时,齿面上也会出现凹凸不平、表面粗糙的擦伤。

(5)严重滑动磨损残渣是当载荷过大或速度过高时由于磨擦面上剪切混合层不稳定而形成的。残渣呈大颗粒剥落,尺寸在20 μm以上,厚度不小于2 μm,常常有锐利直边。上述五种情况归纳见表2-2-1。

9. 定量分析。对谱片上大、小磨粒的相对含量进行定量检测。

(1)磨粒浓度:$Al+As^2=$

(2)为磨损烈度:$Al-As=$

(3)磨损烈度指数:$Is=Al^2-As^2$

其中 Al—油样中尺寸大于5 μm磨粒的覆盖面积占总面积的百分数;

As—油样中尺寸为1~2 μm小磨粒的覆盖面积占总面积的百分数。

10. 用直读式铁谱仪对油样进行定量分析。

(1)阅读学习直读式铁谱仪(图2-2-9所示)使用说明书。

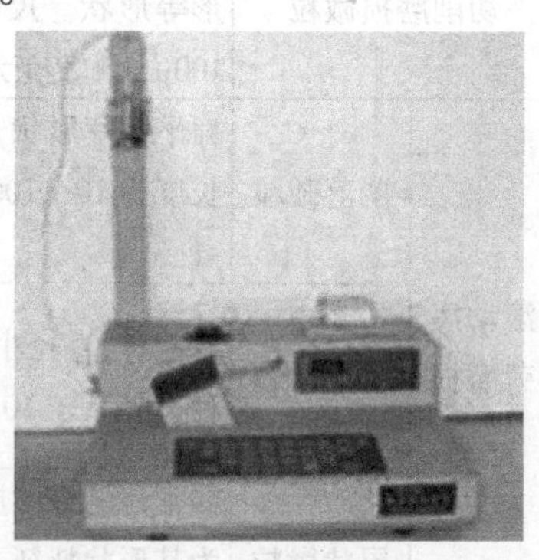

图2-2-9 ZTP-X2型直读式铁谱仪

(2)磨损烈度指数:$Is=Dl^2-Ds^2$

评价与分析

学习活动过程评价表

<table>
<tr><td>班级</td><td></td><td>姓名</td><td></td><td>学号</td><td></td><td>日期</td><td>年　月　日</td></tr>
<tr><td>序号</td><td colspan="5">评价要点</td><td>配分</td><td>得分</td><td>总评</td></tr>
<tr><td>1</td><td colspan="5">能正确使用分析式铁谱仪</td><td>10</td><td></td><td rowspan="8">A○(86～100)
B○(76～85)
C○(60～75)
D○(60以下)</td></tr>
<tr><td>2</td><td colspan="5">能正确使用直读式铁谱仪</td><td>10</td><td></td></tr>
<tr><td>3</td><td colspan="5">能按要求提取油样</td><td>10</td><td></td></tr>
<tr><td>4</td><td colspan="5">能正确操作铁谱仪制作谱片</td><td>10</td><td></td></tr>
<tr><td>5</td><td colspan="5">能对谱片进行定性分析</td><td>20</td><td></td></tr>
<tr><td>6</td><td colspan="5">能对谱片进行定量分析</td><td>20</td><td></td></tr>
<tr><td>7</td><td colspan="5">正确回答出所列问题</td><td>20</td><td></td></tr>
<tr><td>8</td><td colspan="5"></td><td></td><td></td></tr>
<tr><td>小结
建议</td><td colspan="8"></td></tr>
</table>

学习活动2.3　超声波诊断技术与应用

学习目标

- 了解超声波探伤的作用。
- 了解超声波探伤原理。
- 熟悉超声波探伤仪。
- 掌握超声波探伤仪的操作。
- 能利用探伤仪对工件进行简单的缺陷检测。

建议学时

6学时

学习准备

对接焊缝钢板,标准试块,超声波探伤仪,探索伤仪使用说明书,耦合剂等。

学习过程

1. 熟悉超声波

1) 相关知识

人们每时每刻都能听到大小不同的声音。通常，人耳能听到的声音称为可听声波，其频率范围较窄，$20\ \text{Hz} \leqslant f \leqslant 20\ \text{kHz}$；频率低于可听声波频率的声波称为次声波，其频率 $f<20\ \text{Hz}$；频率高于可听声波频率的声波称为超声波，其频率 $f=20\ \text{kHz} \sim 10\ \text{MHz}$。用于探伤的超声波的频率 $f=0.5\ \text{MHz} \sim 10\ \text{MHz}$。在探伤中使用高频率的超声波，其波长极短，有很好的指向性，而且频率越高，指向性越好。超声波在物体界面或内部缺陷处发生反射和折射，可对物体内部进行检测，波长越短，识别尺寸越小。

作为一种弹性波，超声波是通过弹性介质中质点的不断运动而进行传播的。

(1) 纵波

介质中质点的振动方向与声波传播方向相同时，称为纵波，又称为疏密波。纵波可以在固体、液体和气体介质中传播。

(2) 横波

介质中质点的振动方向与声波传播方向垂直时，称为横波。横波只能在固体介质中传播。

(3) 表面波

在介质表面传播的超声波，称为表面波。表面波的质点运动兼有纵波和横波的特征。

(4) 板波

在薄板中传播的超声波，称为板波。

纵波、横波、表面波和板波都可以用于探伤。

2) 声波：

3) 次声波：

4) 超声波：

5) 用于探索伤超声波的频率是：

6) 超声波的种类有__________、__________、__________和__________。

2. 了解超声波探伤原理。

1) 相关知识。

超声波在传播过程中会发生反射、折射、透射和波形转换。因此，当超声波传到被检物体的底面、内部缺陷处或不同物体结合面处时，会发生反射、折射和透射。

当超声波垂直地传到界面时，一部分超声波发生反射，剩余的部分超声波就穿透过去。这两部分超声波能量的比率取决于接触界面两种介质的密度和超声波在这两种介质中的传

播速度。当超声波探头与工件之间有空气存在时，超声波完全传不过去，因此，需要在探头与工件表面之间涂满油或甘油等液体耦合剂，使超声波能够很好地传播。

当超声波斜射到界面上时，会在界面发生反射和折射。当介质为液体时，反射波和折射波只有纵波。当斜探头接触钢件时，因为两者都是固体，所以反射波和折射波存在纵波和横波。超声波斜射时，折射的穿透与折射角有关，通常折射角为35°~80°，这样穿透率较高。

当超声波碰到缺陷时，就发生反射和散射。但是，当缺陷的尺寸小于超声波波长的一半时，由于折射作用，超声波的传播就与缺陷是否存在就没有什么关系了。因此，在超声波探伤中，缺陷尺寸的可检出极限为超声波波长的一半。

超声波探头产生的超声波脉冲射入工件后，即在工件中进行传播。如果工件内部有缺陷，一部分入射的超声波会在缺陷处被反射回来，被探头接收到并在示波器上显示出来。根据反射的情况及特点，就可以判断出缺陷所在的部位及其尺寸的大小。

2）超声波探伤原理是什么？

3. 熟悉超声波检测仪器。

1）相关知识

（1）超声波诊断仪

超声波诊断仪的种类很多，常见的分类如下：

①按发射波的连续性可分为连续波探伤仪、共振式连续波探伤仪、调频式连续波探伤仪和脉冲波探伤仪。

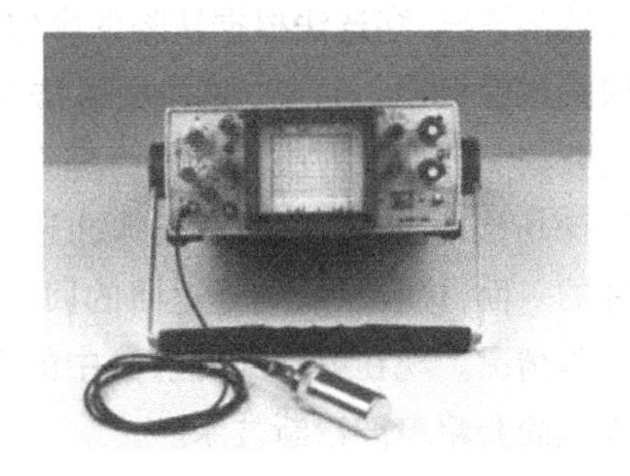

图2-3-1　CTS-22A 超声波探伤仪

②按缺陷的显示方式可分为A型显示探伤仪、B型显示探伤仪和C型显示探伤仪。

③按通道的数量可分为单通道探伤仪和多通道探伤仪。

（2）超声波探头

发射和接收高频超声波的装置是超声波探头，是将机械能和电能互相转换的换能器，多数是利用压电效应制作而成。

根据超声波波形的不同，探头可分为纵波探头、横波探头和表面波探头等。

纵波探头又称垂直探头或直探头，它是向与探头接触面垂直的方向反射、传播和接收纵波的。纵波探头的结构如图2-3-2所示，它由保护膜、压电晶片、阻尼块、外壳和电极等组成。

横波探头又称斜探头，它是应用波形转换的方法得到横波的。横波探头的结构如图2-3-3所示，它由压电晶片、声陷阱、透声楔、阻力块、电极和外壳组成。横波探头的入射角和频率根据理论计算确定。

2）直探头主要用于检测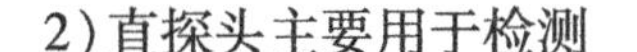________________________________，斜

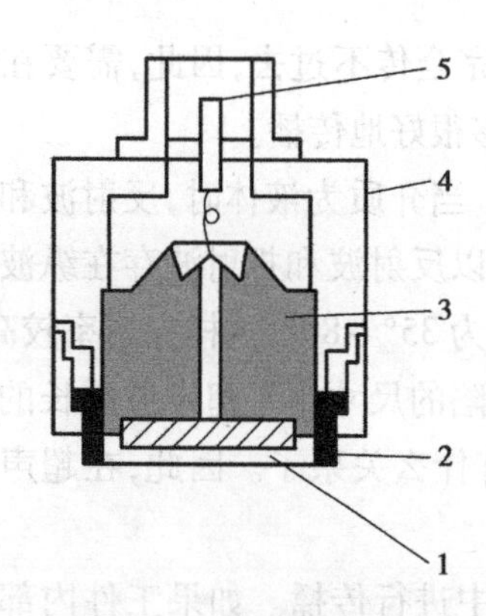

图 2-3-2 纵波探头结构

1—保护膜;2—压电晶片;3—阻尼块;
4—外壳;5—电极

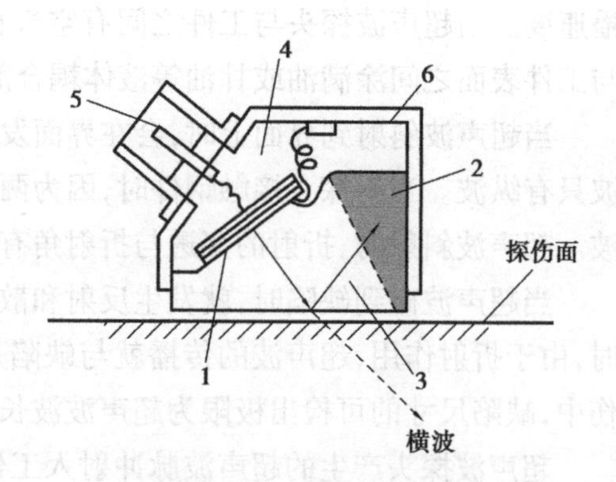

图 2-3-3 横波探头结构

1—压电晶片;2—声陷阱;3—透声模;
4—阻尼块;5—电极;6—外壳

探头主要用于检测____。

目前用得最多的探伤方法是______________________________。

4. 简单超声波探伤技术

利用超声波诊断工件内部缺陷的方法很多。脉冲反射法根据缺陷回波和底面回波来判断缺陷情况,穿透法根据缺陷的影像来判断缺陷情况,共振法根据工件发射的超声波来判断缺陷或者板厚。目前,脉冲反射法是用得最多的方法。脉冲反射法又可分为垂直探伤法和斜射探伤法两种,二者都是把脉冲超声波射入工件的一面,接收从缺陷处返回的回波,从而判断缺陷情况。现在就脉冲反射法中的垂直探伤法为例简介超声波诊断技术。

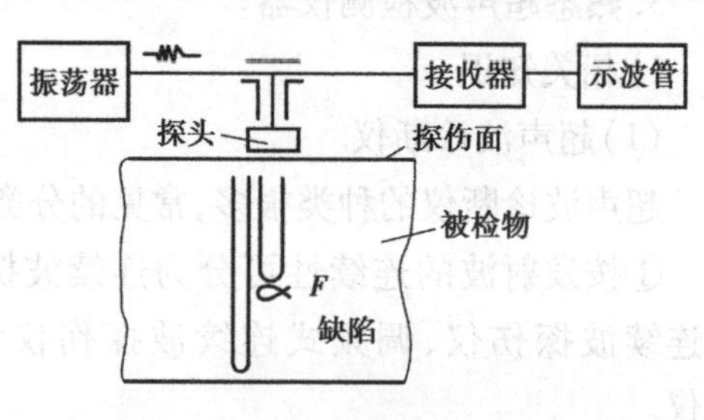

图 2-3-4 脉冲反射垂直探伤原理

将探头置于被测工件的一个面上,使超声波脉冲经耦合剂进入工件,如图 2-3-4 所示。超声波脉冲在工件中传播,由于其中一部分超声波脉冲在遇到缺陷时,缺陷回波即反射回到晶片上,而不碰到缺陷的超声波脉冲在工件底面才反射回晶片。因此,缺陷处反射的超声波脉冲先回到晶片上,而底面反射的超声波脉冲后回到晶片上。回到晶片上的超声波被转换成高频电压,通过接收器进入示波管。同时,振荡器产生的高频电压也直接进人接收器内。这样,在示波管上可以得到波形图,通过观察波形图,就可以看出工件有没有缺陷,以及缺陷的部位、大小。

5. 查资料阅读学习摘录超声波探伤仪使用说明书。

6. 一台现场组焊钢板，材质为 Q235，壁厚 12 mm。现要求对其主体对接环焊缝进行 100% 超声波检测（检测技术等级为 C 级），请按 JB/T4730—2005 检测工艺进行检测。

表 2-3-1　超声波探伤工艺卡

<table>
<tr><td>工件名称</td><td colspan="2">反应器对接环焊缝</td><td>规　格</td><td colspan="2">12 mm</td></tr>
<tr><td>材　质</td><td colspan="2">Q235</td><td>检测时机</td><td colspan="2">焊后 24 小时</td></tr>
<tr><td>表面准备</td><td colspan="2">焊缝磨平并露出金属光泽</td><td>检测比例</td><td colspan="2">100%</td></tr>
<tr><td>仪器型号</td><td colspan="2">CTS-22A 等</td><td>耦合剂</td><td colspan="2">机油或化学浆糊</td></tr>
<tr><td colspan="6">纵波检测</td></tr>
<tr><td>试　块</td><td colspan="2">母材大平底</td><td>检测灵敏度</td><td colspan="2">无缺陷处第二次底波调节
为荧光屏满刻度的 50%</td></tr>
<tr><td>探头频率</td><td colspan="2">2 ~ 5 MHz</td><td>晶片直径</td><td colspan="2">10 ~ 25 mm</td></tr>
<tr><td>表面补偿</td><td colspan="2">0dB</td><td>扫描调节</td><td colspan="2">深度 1:1</td></tr>
<tr><td>扫查速度</td><td colspan="2">150 mm/s</td><td></td><td colspan="2"></td></tr>
<tr><td colspan="6">缺陷记录及备注：
凡缺陷信号超过荧光屏满刻度的 20% 的部位，应在工件表面作出标记，并予以记录。</td></tr>
<tr><td colspan="6">横波检测</td></tr>
<tr><td>探头 K 值</td><td colspan="2">K1、K2</td><td>试块</td><td colspan="2">CSK-ⅠA、ⅢA</td></tr>
<tr><td>扫描调节</td><td colspan="2">深度 1:1</td><td>表面补偿</td><td colspan="2">实测</td></tr>
<tr><td>扫查灵敏度</td><td colspan="2">84 mm 处 $\phi1\times6-9-$补偿 dB</td><td>扫查覆盖率</td><td colspan="2">15% 以上</td></tr>
<tr><td>扫查方式</td><td colspan="5">纵向缺陷检测：锯齿，前后、左右、转角、环绕。横向缺陷检测：在焊缝及两侧热影响区作两个方向的平行扫查。扫查灵敏度应比纵向检测灵敏度再提高 6 dB。</td></tr>
<tr><td>检测区宽度</td><td colspan="2">焊缝本身加两侧各 10 mm</td><td>探头移动区</td><td colspan="2">大于等于 210 mm</td></tr>
<tr><td colspan="6">缺陷指示长度测定方法：当缺陷反射波位于Ⅱ区时，用最大波高 6 dB 法或端点 6 dB 法测其指示长度；当缺陷反射波峰位于Ⅰ区，如认为有必要记录时，将探头移动，使波幅降到评定线，测其指示长度</td></tr>
<tr><td>编制</td><td>Ⅱ级</td><td>审核</td><td>Ⅲ级</td><td>批准</td><td>技术负责人</td></tr>
</table>

评价与分析

学习活动过程评价表

<table>
<tr><td>班级</td><td></td><td>姓名</td><td></td><td>学号</td><td></td><td>日期</td><td>年 月 日</td></tr>
<tr><td>序号</td><td colspan="4">评价要点</td><td>配分</td><td>得分</td><td>总评</td></tr>
<tr><td>1</td><td colspan="4">能了解超声波探伤仪的工作原理</td><td>10</td><td></td><td rowspan="8">A○(86~100)
B○(76~85)
C○(60~75)
D○(60 以下)</td></tr>
<tr><td>2</td><td colspan="4">能知道超声波探伤仪的操作</td><td>40</td><td></td></tr>
<tr><td>3</td><td colspan="4">能利用超声波探伤仪作简单的探伤检测</td><td>40</td><td></td></tr>
<tr><td>4</td><td colspan="4">能回答上面所列问题</td><td>10</td><td></td></tr>
<tr><td>5</td><td colspan="4"></td><td></td><td></td></tr>
<tr><td>6</td><td colspan="4"></td><td></td><td></td></tr>
<tr><td>7</td><td colspan="4"></td><td></td><td></td></tr>
<tr><td>8</td><td colspan="4"></td><td></td><td></td></tr>
<tr><td>小结建议</td><td colspan="7"></td></tr>
</table>

学习活动 2.4 转子找静平衡实验

学习目标

- 能知道回转件做静平衡的意义。
- 能正确使用、维护静平衡台。
- 能用静平衡台对回转件作静平衡。
- 能用试加重量法或减重量法消除转子静不平衡。

建议学时

6 学时

学习准备

静平衡台，水平仪，天平，橡皮泥，扳手，钢直尺，游标卡尺。

学习过程

1.转子找平衡的目的及意义。

1)相关知识

转动机械在运行中有一项重要指标,就是振动。振动要求越小越好。转动机械产生振动的原因很复杂,其中以转动机械的转动部分(转子)质量不平衡而引起的振动最为普遍。

从理论上讲,转子沿其轴的长度每一段的重心应与几何中心线重合。实际上,转子的材料内部组织不均,加工过程产生的误差,转子运行中的磨损和腐蚀不均及使用修过的转子等,均可使转子质量不平衡。质量不平衡的转子在转动的时候,就会产生不平衡的离心力。尤其是高速运行的转子,即使转子存在数值很小的质量偏差,也会产生较大的不平衡离心力。这个力通过支承部件以振动的形式表现出来。

长时期不正常的振动,会使机组金属材料疲劳而损坏,转子上的紧固件发生松动,间隙小的装配件动静部分发生摩擦使轴发生弯曲等。振动过大,哪怕是时间很短也不允许,尤其是对高速大容量的机组,其后果更为严重。

现代技术尚不可能消除转动机械振动,因此对各类机组规定出振动的允许范围以此来衡量机组运行状态的优劣。

转子在旋转时,由于质量不平衡引起的扰动而造成机组的振动,此现象即为不平衡。一般,转子不平衡有以下三种类型:

(1)静不平衡

由于转子质量分布不均,转子重心不在旋转轴心线上,静止时重心 G 受地心引力作用,致使转子不能在任一位置保持稳定,这种现象叫做静不平衡。

(2)动不平衡

当转子旋转时,若转子的不平衡质量造成两个或两个以上相反的离心力 $F1$ 和 $F2$,且这对离心力不在同一个平面内,使转子受到了力偶作用,产生绕轴线摆动,则这种现象称为动不平衡。显然,这种动不平衡的转子在静止时是平衡的。

(3)动静混合不平衡

即上述两种不平衡现象同时出现在一个转子上。对于轴上装有几个工作机件的转子,都可能不同程度地存在这种混合质量不均衡现象。动静混合不平衡的情况比较复杂。

对于不平衡的转子进行校正,有两种方法:即静态找平衡(静平衡)和动态找平衡(动平衡)。对于质量分布较集中(即小而窄)的低速转子,仅作静平衡而不作动平衡,即可达到平衡的目的。

2)什么是转子的不平衡现象,转子不平衡有哪几种类型?

2. 转子找平衡工作准备

找平衡工作是把转子放在静平衡台上通过配重来完成的，现需要准备以下工具：静平衡台、水平仪、天平、油泥及用于找平衡的转子。

1）静平衡台

转子找静平衡时在静平衡台（图 2-4-1）上进行的，其结构如图 2-4-2 所示。静平衡台的大小和轨道工作面宽度需根据转子的大小、轻重而定。轨道工作面宽度应保证轴顶和轨道工作面不被压伤。对于转子质量小于 1 t 的情况，工作面宽度为 3 ~ 6 mm，轨道的长度约为轴颈的 6 ~ 8 倍，通常采用碳素工具钢或钢轨制作。表面粗糙度不大于 0.4。

图 2-4-1　静平衡台

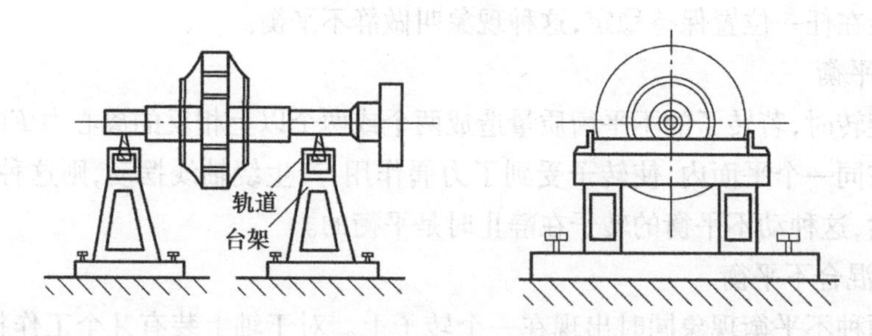

图 2-4-2　静平衡台

静平衡台安装后，需对导轨进行校正（图 2-4-3），轨道水平方向的斜度不得大于 0.1 ~ 0.3 mm/m，两轨道间不平行度允许偏差为 2 mm/m。静平衡台的安放位置应设在无机械振动和背风的地方，以免影响转子找平衡的结果。

2）转子

找静平衡的转子应清理干净，转子上的全部零件要组装好，并不得有松动。轴颈的椭圆度和圆锥度不应大于 0.05 mm，轴颈不许有明显的伤痕。若采用假轴找静平衡时，假轴与转子的配合不得松动，假轴的加工精度不得低于原轴的精度。转子放在轨道上时，动作要轻，轴的中心线要与轨道垂直。

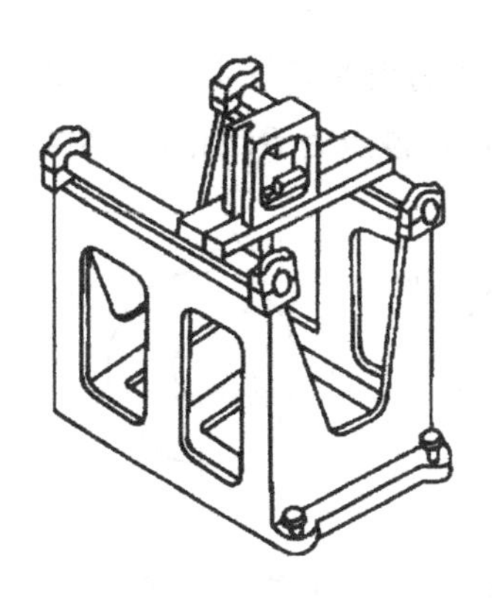
平衡架导轨
横向处于水平

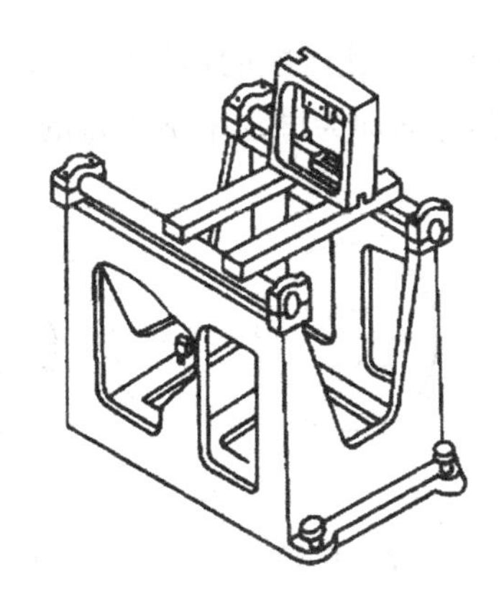
平衡架导轨
纵向处于水平

图 2-4-3 静平衡台校正

转子找静平衡的工作,一般是在转子和轴检修完毕后进行。在找完平衡后,转子与轴不应再进行修理。

3)试加重量

在找平衡时,需要在转子上配加的临时平衡重量,称为试加重量。试加重量较轻的常用油泥,重的可用油泥加蜡块。若转子上有平衡槽或平衡孔、平衡柱的,则应在这些装置上直接固定试加平衡块。

3. 给转子找平衡

1)静平衡方法

若将转子放置在静平衡台上,后用手轻轻转动转子,让它自由停下来,则可能出现下列情况:

①转子的中心在旋转轴心线上时,转子转到任意角度都可以停下来,这时转子处于静平衡状态。这种平衡称为随遇平衡。

②当转子的中心不在旋转轴心线上时:

a. 若转子承受的转动力矩大于轴和导轨之间的滚动摩擦力矩,则转子就要转动,使原有的不平衡重量位于正下方。这种静不平衡称为显著不平衡。

找显著不平衡的方法是两次加重法,通过两次加配重将重心调整到与几何中心相近的位置,使得转子承受的转动力矩小于轴和导轨之间滚动摩擦阻力矩的目的。

b. 若转子承受的转动力矩小于轴和导轨之间的滚动摩擦阻力矩,转子虽有转动趋势,但不能使不平衡重量转向正下方,这种静不平衡称为不显著不平衡。

找不显著不平衡的方法是试加重量法。通过在圆周等分位子试加配重,找出重心偏移的位置和重量,经过调整,使重心的偏移在允许范围内。

2)两次加重法

两次加重法只适用于显著不平衡的转子找静平衡。具体作法如下:

①找出转子不平衡重量的方向。将转子放在静平衡台的轨道上,往复滚动数次,则重的

一侧必然垂直向下。如此数次的结果均一致，即下方就是转子不平衡重量 G 的位置，定此点为 A。A 点的对称方向即为试加平衡重量的位置，定该点为 B，如图 2 -4-4(a)所示。

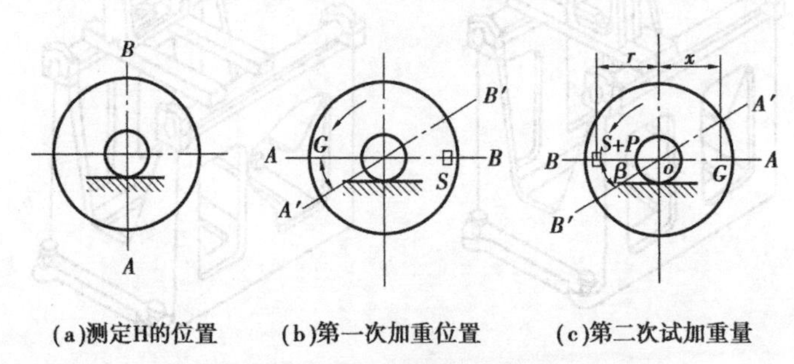

图 2-4-4　两次加重法找转子显著不平衡

②求第一次试加平衡重量。将 AB 转到水平位置，在 OB 方向加上一个重量 S。加上这个重量后，要使 A 点能自由地从水平位置向下转一角度 θ，θ 在 30°～45°为宜。然后称出 S 的重量，再将 S 还回原位，如图 2-4-4(b)所示。

③求第二次试加平衡重量。仍将 AB 转到水平位置〔通常将 AB 调转 180°)，又在 S 上增加一个重量 P，要求加上 P 重量后，B 点能自由向下转动一个角度，这个角度必须和第一次的转动角度 θ 一致。然后取下 P，称出重量，如图 2 -4-4(c)所示。

④计算应加平衡重量。两次转动所产生的力矩：第一次是 G_x-S_r；第二次是 $(S+P)r-G_x$。因两次转动角度相等，故这两次的转动力矩也相等。即：

$$G_x-S_r=(S+P)r-G_x$$

$$G_x=(2S+P)r/2 \tag{2-4-1}$$

因两次转动条件完全相同，其摩擦力矩也就相等，故在列等式时可略去不计。

若使转子达到平衡，所加的平衡重量应 Q 满足 $Q_r=G_x$ 的要求。将 Q_r 代入式(2-4-1)，得

$$Q_r=(2S+P)r/2$$

$$Q=(2S+P)/2=S+P/2 \tag{2-4-2}$$

平衡重量 Q 必须固定在试加重量的位置。若不能固定在原试加重量位置，则要通过力的平衡公式另行计算。

⑤检验。将平衡重量 Q 固定并盘动转子，让其自由停下，经多次盘动，若每次停的位置都不相同，则说明显著不平衡已经消除。

3)试加重量法

试加重量法适用于不显著不平衡的转子找静平衡。具体做法如下：

①将转子分成若干等分(6～12 等分均可)，并将各等分点标上序号。

②将 1 点的半径线置于水平位置，并在 1 点上加上适当的重量 S_1，使转子向下转动一个小角度 θ，然后取下称重，用同样方法依次找出其他各点试加重量。在试加重量时，必须使各点转动方向角度一致，加重的半径 r 一致，如图 2-4-5(a)所示。

③以试加重量 S 为纵坐标，加重位置的序号为横坐标，绘出如图 2-4-5(b)所示曲线。曲线的最低点就是转子不显著不平衡重量 G 的位置。但要注意：曲线的最低点不一定与最小

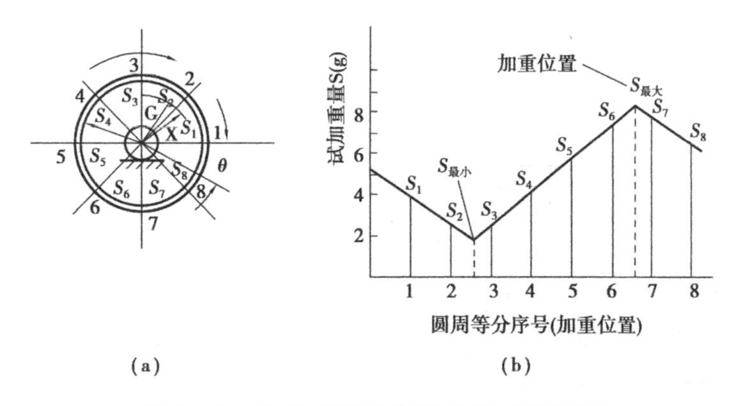

(a)　　　　　　　　　　(b)

图 2-4-5　用试加重量法找转子不显著不平衡

试加重量的位置相重合。因为最小试加重量的位置是在转子编制的序号上，而曲线的最低点只是试加重量的两条曲线的交点。曲线的最高点是转子的最轻点，也就是平衡重量应加的位置，同样要注意这曲线的最高点与试加重量最重点的区别。

④根据图 2-4-5 可得下列平衡式：

$$G_x + S_{最小} r = S_{最大} r - G_x$$

$$G_x = (S_{最小} - S_{最大}) r/2 \tag{2-4-3}$$

若使转子达到平衡，所加的平衡重量 Q 应满足 $Q_r = C_x$ 的要求。将 Q_r 代入(2-4-3)式，得：

$$Q_r = (S_{最小} - S_{最大}) r/2$$

$$Q = (S_{最小} - S_{最大})/2 \tag{2-4-4}$$

把计算出的平衡重量 Q 加在曲线的最高点。曲线的最高点往往是一段小弧，高点不明显。为了取得较佳的平衡效果，可在转子与曲线最高点相应位置的左右作几次平衡试验，求得最佳的加重位置。

4. 试给砂轮机转子找静平衡。

①校正静平衡台；

②清理转子，检查转轴椭圆度、圆度；

③把转子摆放到平衡支架上；

④轻轻转动转子；

⑤用试加重量法或两次加重法求出平衡位置和重量。

评价与分析

学习活动过程评价表

班级		姓名		学号		日期	年 月 日
序号	评价要点				配分	得分	总评
1	能知道静平衡的目的及意义				10		A○(86~100) B○(76~85) C○(60~75) D○(60以下)
2	能正确使用静平衡设备及工具				15		
3	能对转子作静平衡正确操作				20		
4	能找出转子的不平衡位置				20		
5	能计算出平衡块的重量				25		
6							
7							
8							
小结 建议							

学习活动 2.5 回转体动平衡实验

学习目标

- 掌握刚性转子动平衡的试验方法。
- 初步了解动平衡试验机的工作原理及操作特点。
- 了解动平衡精度的基本概念。

建议学时

6 学时

学习准备

CYYQ—50TNC 型电脑显示硬支承动平衡机(图 2-5-1);转子试件;橡皮泥,M6 螺钉若干;电子天平(精度 0.01g),游标卡尺,钢直尺。

图 2-5-1 硬支承动平衡

学习过程

1. CYYQ—50TNC 型硬支承动平衡机的结构与工作原理

1)硬支承动平衡机的结构

该试验机是硬支承动平衡机，是用来测量转子不平衡量的大小和相角位置的精密设备，一般由机座、左右支承架、圈带驱动装置、计算机检测显示系统、传感器、限位支架和光电头等部件组成，如图 2-5-2 所示。

左右支承架是动平衡机的重要部件，中间装有压电传感器。此传感器在出厂前已严格调整好，切不可自行打开或转动有关螺丝（否则会严重影响检测质量）。左右移动只需松开支承架下面与机座连接的两个紧固螺钉，把左右支承架移到适当位置后再拧紧即可。支承架下面有一导向键，保证两支架在移动后能互相平行。支承架中部有升降调节螺丝，可调节转子的左右高度，使之达到水平。外侧有限位支架，可防止转子在旋转时向左右窜动。

转子的平衡转速必须根据转子的外径及质量，并考虑电机拖动功率及摆架动态承载能力来进行选择。该动平衡机采用变频器对电动机调频变速，使工作速度控制自如。

2)转子动平衡的力学条件

由于转子材料的不均匀、制造的误差、结构的不对称等诸因素导致转子存在不平衡质量。因此当转子旋转后就会产生离心惯性力，它们组成一个空间力系，使转子动不平衡。要使转子达到动平衡，则必须满足空间力系的平衡条件：

$$\begin{cases} \sum \overline{F} = 0 \\ \sum \overline{M} = 0 \end{cases} \quad \text{或} \quad \begin{cases} \sum \overline{M}_A = 0 \\ \sum \overline{M}_B = 0 \end{cases} \tag{2-5-1}$$

即作用在转子上所有离心惯性力以及惯性力偶矩之和都等于零，这就是转子动平衡的力学条件。

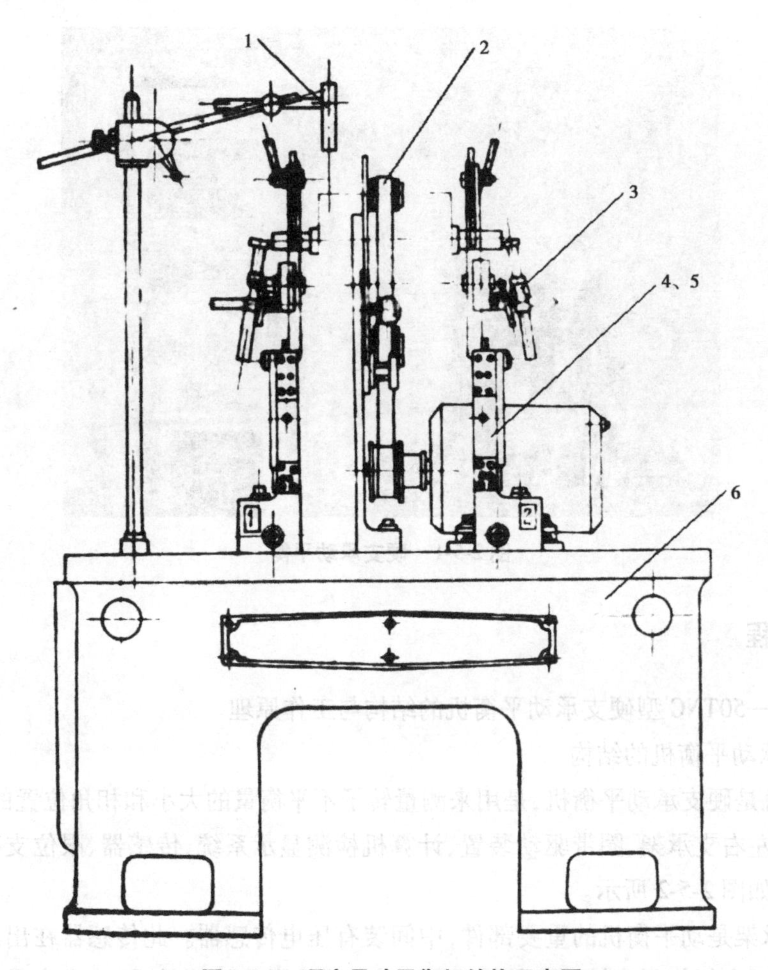

图 2-5-2 硬支承动平衡机结构示意图

1—光电头;2—圈带驱动装置;3—限位支架;4—支承架;5—传感器;6—机座

如果设法修正转子的质量分布,保证转子旋转时的惯性主轴和旋转轴相一致,转子重心偏移重新回到转轴中心上来,消除由于质量偏心而产生的离心惯性力和惯性力偶矩,使转子的惯性力系达到平衡校正,就叫做动平衡试验。

3)刚性转子的平衡校正

转子的平衡校正工艺过程,包括两个方面的操作工艺:

(1)平衡测量

平衡测量是借助一定的平衡试验装置(如动平衡试验机等)测量平衡机支承架由于试验转子上离心力系不平衡引起的振动(或支反力),从而相对地测量出转子上存在着的不平衡重量的大小和方位,测量工作要求精确。

(2)平衡校正

平衡校正是根据平衡测量提供的不平衡量的大小和方位,选择合理的校正平面,根据平衡条件进行加重(或去重)修正,达到质量分布均衡的目的。

①去重修正是运用钻削或其他方法在重心位置去除不平衡重量。

②加重修正是运用螺纹联接、焊接或其他平衡块方法在轻点位置加进重块平衡。

选择哪种校正办法，要根据转子结构的具体条件选择。在本实验里采用适量的橡皮泥作加重修正。采用橡皮泥作试验的平衡试重，是工业上行之有效的常用方法之一。

4）刚性转子动平衡的精度

即使经过平衡的回转体也总会有残存的不平衡，故需对回转体规定出相应的平衡精度。各种回转体的平衡精度可根据平衡等级的要求，在有关的技术手册中查阅。

5）动平衡机的工作原理

（1）工作原理

转子的动平衡实验一般需在专用的动平衡机上进行。动平衡机有各种不同的形式，各种动平衡机的构造及工作原理也不尽相同，有通用平衡机、专用平衡机（如陀螺平衡机、曲轴平衡机、涡轮转子平衡机、传动轴平衡机等），但其作用都是用来测定需加于两个校正平面中的不平衡质量的大小及方位，并进行校正。当前工业上使用较多的动平衡机是根据振动原理设计的，测振传感器将因转子转动所引起的振动转换成电信号，通过电子线路加以处理和放大，最后显示出被试转子的不平衡质量的大小和方位。

图2-5-3所示是动平衡机的工作原理示意图。被试验转子5放在两弹性支承上，由电动机1通过圈带传动2驱动。实验时，转子上的偏心质量使支承块的水平方向受到离心力的周期作用，通过支承块传递到支承架上。支承架的立柱发生周期性摆动，此摆动通过压电传感器3与4转变为电信号，通过A/D转换器传送到计算机的实验数据采集及处理软件系统，直接在屏幕上显示出来，或由打印机打印输出实验结果。

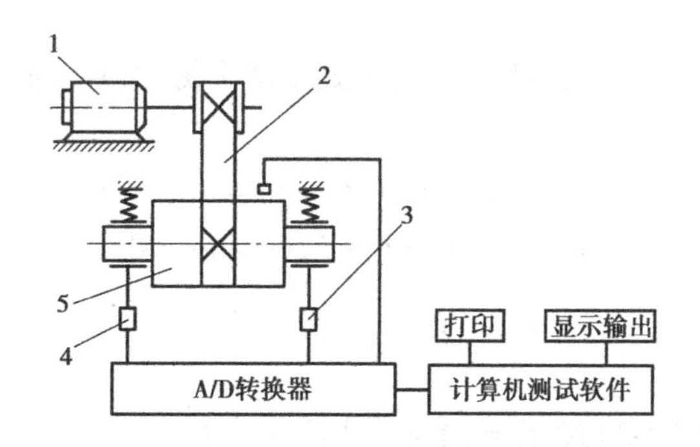

图2-5-3　动平衡机的工作原理示意图

1—电动机；2—圈带传动；3、4—压电传感器；5—被试验转子

根据刚性转子的动平衡原理，一个动不平衡的刚性转子总可以在与旋转轴线垂直的两个校正平面上减去或加上适当的质量来达到动平衡目的。

为了精确、方便、迅速地测量转子的动不平衡，通常把力这一非电量的检测转换成电量的检测，本机用压电式力传感器作为换能器。由于传感器是装在支承轴承处，故测量平面即位于支承平面上，但转子的两个校正平面根据各种转子的不同要求（如形状、校正手段等），一般选择在轴承以外的各个不同位置上，所以有必要把支承处测量到的不平衡力信号换算到两个校正平面上去，这可以利用静力学原理来实现。

在动平衡以前,必须首先解决两校正平面不平衡的相互影响。硬支承动平衡机工件两校正平面不平衡量的相互影响取决于两校正平面间距 b,校正平面到左、右支承间距 a、c,而 a、b、c 几何参数可以很方便地由被平衡转子确定。

(2)校正平面上不平衡量的计算

转子形状和装载方式如图 2-5-4 所示。

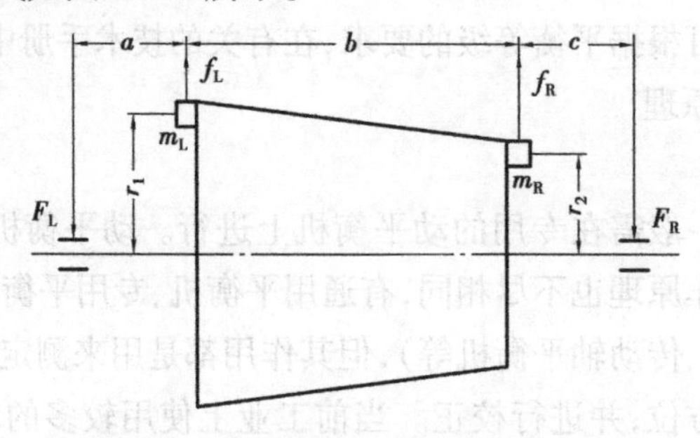

图 2-5-4 转子的形状和装载方式示意图

F_L、F_R:左、右支承轴承上承受的动压力;

f_L、f_R:左、右校正平面上不平衡质量产生的离心力;

m_L、m_R:左、右校正平面上的不平衡质量;

a、c:左、右校正平面至左、右支承轴承间的距离;

b:左、右校正平面之间的距离;

r_1、r_2:左、右校正平面的校正半径;

ω:旋转角速度。

a、b、c、r_1、r_2 和 F_L、F_R 均为已知,刚性转子处于动平衡时,必须满足 $\Sigma F=0$,$\Sigma M=0$ 的平衡条件。

$$F_L + F_R - f_L - f_R = 0 \tag{2-5-2}$$

$$F_L \cdot a + f_R \cdot b - F_R(b + c) = 0 \tag{2-5-3}$$

由(2-5-3)式得:
$$f_R = \left(1 + \frac{c}{b}\right) F_R - \frac{a}{b}F_L \tag{2-5-4}$$

将(2-5-4)式代入(2-5-2)式:
$$f_L = \left(1 + \frac{a}{b}\right) F_L - \frac{c}{b}F_R \tag{2-5-5}$$

因:
$$f_R = m_R \cdot r_2\omega^2 \tag{2-5-6}$$

$$f_L = m_L \cdot r_1\omega^2 \tag{2-5-7}$$

将(2-5-6)式代入(2-5-4)式:
$$m_R = \frac{1}{r_2\omega^2}\left[\left(1 + \frac{c}{b}\right) F_R - \frac{a}{b}F_L\right] \tag{2-5-8}$$

将(2-5-7)式代入(2-5-5)式:
$$m_L = \frac{1}{r_1\omega^2}\left[\left(1 + \frac{a}{b}\right) F_L - \frac{c}{b}F_R\right] \tag{2-5-9}$$

公式(2-5-8)、(2-5-9)的物理意义是:

如果转子的几何参数(a、b、c、r_1、r_2)和平衡转速 ω 已确定,则校正平面上应加的校正质量(即试重)可以直接测量出来,并以克数显示。

以上物理意义恰好表明了硬支承动平衡机所具有的特点。

2. 实验步骤

1)平衡校测的准备工作

①把机座的电缆分别连接到计算机主机箱后板的插座上，机座的左右传感线分别连接到计算机主机上相应的接口，检查无误后，再把电柜的电源插头插到220 V/50 Hz的交流电源上。为防止触电事故和避免电磁波干扰，机座和计算机必须接地。

②按下计算机主机的电源开关，“POWER”指示灯点亮，仪器预热5~10分钟。

③用鼠标指向“动平衡机测试”图标，双击鼠标左键，计算机运行动平衡机测量系统程序。

④用鼠标指向“支承方式“窗口(图2-5-5)，选择对应的支承方式和配重要求。

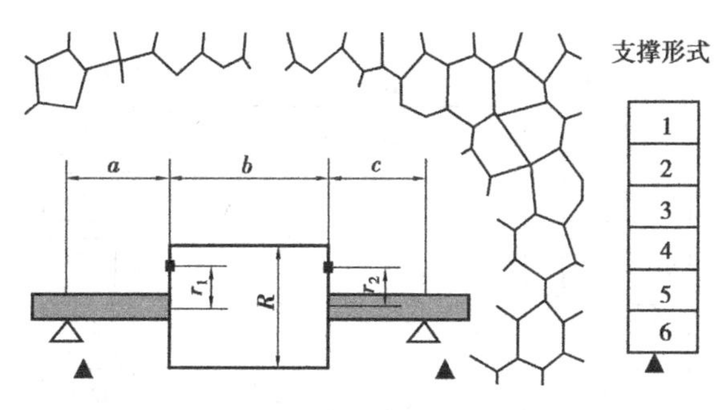

图2-5-5　支承方式选择窗口

⑤用鼠标指向“命令”窗口(如图2-5-6所示)，单击“选择”按钮，屏幕显示一个参数表窗口，可以在表中选定某种型号的电机；再单击“确定”按钮，则该型号电机的测量参数自动填入对应的参数窗口。也可以用鼠标指向对应的参数窗口，填入相应的参数。

图2-5-6　“命令”窗口

⑥松开左右支承架的固定螺钉，根据转子轴的长短拉好左右支承架的距离，将转子放上支承架，移动左右支承架使传动带处在转子的轴向中心位置，把固定螺钉拧紧，固定左右支承架。套上传动皮带，调节左右支承架的高低使转子保持水平，安装固定好安全支架及其限位支架。

⑦沿校测转子的轴外圆、端面用油漆、油性笔或电工胶布作上标记线，以便用光电检测器检测到转子的参考相位。为了保证测量的可靠和稳定，请不要用粉笔和水性笔作标记。

⑧把光电检测器摆放在做了标记线的轴后方约10~15 mm，转动转子一周，光电检测器的红色指示灯各亮熄一次，否则可以调节光电检测器的微调，使之符合要求。每亮熄一次，刚亮的一点就是工件的0°位置，工件从0°到360°的角度方向与工件的旋转方向相同。

2)机器标定

每测一种转子之前必须对机器进行一次标定,步骤如下:

①用鼠标指向“命令”窗口,选择“启/停”按钮,如图 2-5-6 所示。将控制柜门上的“开/关”旋钮旋至“开”的位置,此时电动机的控制电源处于准导通状态;将门上“常开/自动”旋钮旋至“常开”的位置,电动机拖动转子转动,在左、右矢量表上显示两个校正平面的不平衡矢量,左、右校正平面窗口分别显示左、右测量点的不平衡量和所在位置,r/min 数字窗口显示旋转零件的转速,分别见图 2-5-7 和图 2-5-8。调节变频器转速电位器确定转子的测量转速,待转子旋转匀速并且左、右校正平面窗口显示的数值基本不跳动时,将“常开/自动”旋钮旋至“自动”的位置,机器会停下来。此时左、右校正平面窗口显示的数值被锁定,就是所需的各项数据。

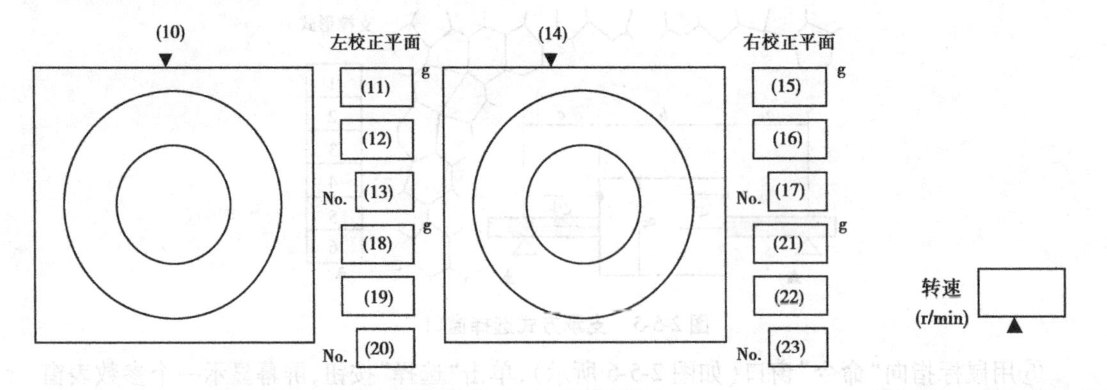

图 2-5-7 左、右矢量表和左、右校正平面窗口　　图 2-5-8 r/min 数字窗口

②按“去重”按钮,使旁边红色箭头指向去重状态。

③将一已知重量加重块的重量分别输入到 A、B 窗口内,然后将此加重块放到左测量平面自定义 0°位置上;按控制柜门上的“起动”按钮,机器转动数秒后停下来,用鼠标单击“左试重”按钮。取下左面加重块,把它放到右测量平面自定义 0°位置上,按控制柜门上的“起动”按钮,机器转动数秒后停下来。用鼠标单击“右试重”按钮。取下右面加重块,在左右都没有加重时按控制柜门上的“起动”按钮,机器转动数秒后停下来,用鼠标单击“零试重”按钮。最后用鼠标单击“标定”按钮,机器完成标定。

④完成标定后请务必注意左校正平面窗口的第一个窗口显示的数值必须小于右校正平面窗口的第一个窗口显示数值的 10%,否则必须重新进行标定。

3)被测转子的测量与配重

①根据转子的配重要求(加重或去重),单击“加重”或“去重”按钮。

②用电子天平称重一定重量的 M6 螺钉(或橡皮泥),固定于转子左(或右)测量平面上的任意位置。

③按控制柜门上的“起动”按钮,机器转动数秒后停下来,同时锁定各项数据。此时的各项数据就是测量的所需数据。

④按照上述窗口显示的数值,在两校正平面上的对应相位按配重要求配重,当再按控制

柜门上的“起动”按钮时，上一次的测量数据会保存下来。

⑤重复③④项，直到校测转子达到动平衡要求为止。转子在接近完全平衡时，其相角指示不太稳定，可以认为平衡已经完成。若凭试凑法亦可继续平衡，此时所得的平衡精度将比本机的标定值更高。

3. 注意事项

①光电头必须摆在正确位置。正常情况下，光电头应该离开转子约 10 ~ 15 mm，且光电头指示灯在转子转动一整圈时，只会亮、灭各一次。

②若测量角度不准确，检查光电头的高度是否正确，光电头照射时从熄灭到刚亮的那一点必须与待测转子轴线保持水平(水平照射)。机器的光电头照射方向已经确定，在使用时不要自行改变，否则不能准确测量转子左右不平衡点的所在位置。

4. 写出实训目的

5. 实验设备及工具有哪些？

6. 画出硬支承动平衡机的结构简图，并指出各部分名称。

7. 画出动平衡机的工作原理示意图，并简述其工作原理。

8. 动平衡机专用软件中，左、右校正平面窗口分别显示的左、右测量点的不平衡量是如何计算出来的？写出计算公式并指出每个几何参数的意义。

9. 拟定实验步骤

10. 原始数据记录与分析

(1)测量数据记录表

表 2-5-1

测量值 / 次数	左校正平面		右校正平面		加重情况（指人为设置的不平衡重量）
	重量	相位值	重量	相位值	
配重前					
第 1 次配重后					
第 2 次配重后					
第 3 次配重后					

(2)不平衡减少率计算表

表 2-5-2

URR / 次数	左校正平面 *URR*	右校正平面 *URR*
第一次配重后		
第二次配重后		
第三次配重后		

每次配重后的不平衡减少率：

$$URR = \frac{Q - Q_c}{Q}$$

其中，Q 为配重前的不平衡量，Q_c 为配重后的不平衡量。

11. 指出影响动平衡精度的一些因素。

12. 哪些类型的工件需要进行动平衡实验？理论依据是什么？

13. 转子经过动平衡后，是否还需要进行静平衡？

14. 为什么工业上采用平衡机进行动平衡矫正，它有什么好处？

评价与分析

学习活动过程评价表

班级		姓名		学号		日期	年　月　日
序号	评价要点				配分	得分	总评
1	写出实验目的				10		A○(86～100) B○(76～85) C○(60～75) D○(60 以下)
2	写出实验设备和工具				10		
3	了解动平衡机各部名称及工作原理				10		
4	拟定实验步骤				25		
5	原始数据记录与分析				25		
6	回答问题				30		
7							
8							
小结建议							

学习任务3

学习设备维护管理与修理制度

学习目标

- 能认识设备维修管理的重要性。
- 能熟悉设备维修管理的方式。
- 能知道预防性维修重要性、概念、基本做法。
- 熟悉设备维护保养的概念。
- 知道三级维护保养制度。
- 了解设备使用维护保养的基本要求。
- 能熟悉点检定修制的主要内容。
- 能知道点检制的主要内容。
- 能知道点检的目的、内容和分类。
- 能了解点检制与巡检制的区别。
- 能知道定修制的目的及意义。
- 能了解定修制的主要内容。
- 能知道修理类别的划分。
- 能知道小修、项修、大修的内容。
- 能了解修理计划的编制方法及内容。
- 能懂得修理计划的实施与组织方法。

●建议学时

18 学时。

●学习任务描述

在现代化生产中，主要的生产活动已由最初依靠人为主的生产发展演变成依靠设备为主的生产，即由人操纵机器设备来完成的。因此，搞好设备维修管理，正确地使用设备，精心保养维护设备，使设备经常处于良好的技术状态，才能保证生产正常进行，使企业取得最佳的经济效益。在现代化生产条件下，由于机器设备直接完成了产品的生产过程，因此，机器设备在生产活动中的地位越来越重要。产品的产量、质量、成本、消耗等，在很大程度上受着设备技术状况的影响，因此，搞好设备维修管理也是改善企业经营成果的重要环节。

作为今后设备的操作和管理者，除了具备一定的操作和维护技能外，还必须懂得设备管理制度方面的知识，熟悉维修管理方式，了解三级保养制度，了解设备维护保养的基本要求，知道点检制、巡检制、定修制的目的及内容等。

●学习过程和活动

通过教师的讲授，学生的自主学习，同学之间的相互讨论按步分段地学习机械设备维护管理制度，并进行思考回答所提出的问题，再经过小组讨论后推选学生上台展示学习成果。

学习活动 3.1　熟悉设备维修管理方式　2 学时

学习活动 3.2　熟悉设备维护管理制度　4 学时

学习活动 3.3　熟悉设备维护管理点检定修制　6 学时

学习活动 3.4　学习设备修理计划的编制与实施　6 学时

学习活动 3.1　熟悉设备维修管理方式

学习目标

- 能认识设备维修管埋的重要性。
- 能熟悉设备维修管理的方式。
- 能知道预防性维修重要性、概念、基本做法。

建议学时

2 学时。

学习准备

对学生进行分组,教材、网络。

学习过程

1. 现代化设备维修管理的重要性

(1)相关知识

对于一个现代化企业来讲,要达到好的产品质量,谋求生产稳定,就必须提高设备的可靠性,确保设备稳定运转。为此,企业在日常的生产活动中必须重视设备维修管理,而维修管理好设备的目的就是为了生产,通过采用现代化设备维修管理方式,强化设备维修管理,使之最大限度地减少突发故障时间及其损失,最大限度地减少修理时间和费用,使设备最有效地被生产利用。设备维修管理的目标就是要充分满足这些要求。

现代化设备具有大型化、高速化、连续化、精密化、自动化的特点。这些特点会给企业带来较高的经济效益,但同时也会带来停机损失大、维修难度高、维修成本高等一系列难题。

为此,摆在设备管理部门的课题是:

①减少故障停机时间,提高设备有效作业率。

②通过有效的维修管理和设备的改善,保持设备精度、性能。

③在维修中合理地使用人力、物力和资金,降低维修成本。

④不断提高维修技能和水平,使维修人员具有对设备异常的快速反应能力。

⑤采用先进的设备维修管理方式,选定能预测故障、排除隐患的有预见性、计划性的维修管理制度。

其中,采用先进的设备维修管理方式尤为重要。由此可见,随着设备现代化的推进,设备维修管理在现代化工业企业生产活动中占有极为重要的地位。

(2)设备维修管理的目标是什么?

(3)设备维修管理部门主要要解决的问题有哪些?

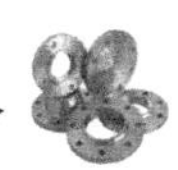

2. 设备预防维修管理的方式

(1)相关知识

为管好设备，首先应确定一个好的设备维修管理方式。那么，选择什么样的维修管理方式来适应现代化设备最合理的维护和检修，是维修工作中的一个重要决策问题。

维修方式是指导维修作业的策略性准则，通过对应修设备进行技术和经济分析，确定最适宜的维修时间、维修制度及修理内容。设备是由各种零件组成的，每种零部件可以有几种维修方式。在研究设备维修方式时，首先以零部件为对象进行分析，选择最佳的维修方式。对不同的零部件可以采取不同的维修方式，然后加以综合。按照修理范围及工作量确定修理类别，作为制定修理计划的依据。

维修方式的选择原则是：①通过维修，消除修前存在的缺陷，保证设备达到规定的性能；②力求维修费用和设备停修对生产的经济损失两者之和为最小。根据上述原则，对几种可能采用的维修方式进行最佳选择。

在现代工业企业中，设备的类型相当多，各种设备结构的复杂程度和在生产中的重要性也不同，必须认真加以分析，分别选择适合每种设备的维修方式。企业对所有设备采用统一的维修方式是不合理的。

维修方式主要有预防维修、故障维修和改善维修三种。预防维修与故障维修的划分是以设备故障发生前或发生后采取维修措施为界限。

传统的预防维修主要有定期维修和状态维修两种。定期维修制度的基本特点是：对各类设备按规定的修理周期结构及修理间隔期制定修理计划，到期按规定的修理内容进行检查和维修。状态维修是通过修前检查，按设备的实际技术状况确定修理内容和时间，制定出修理计划。这种维修方式比较切合实际，但必须做好设备技术状态的日常检查、定期检查和记录统计分析工作。

改善维修则从研究故障发生的原因出发，以消灭故障根源、提高设备性能和可靠性为目的而进行改造性修理。根据我国设备拥有量大而构成落后的特点，应十分重视设备的“修中有改”，以此来提高工厂装备现代化水平。当前较普遍采用的方法是：在原有设备修理时，应用数控、数显、静压和动静压技术、节能技术等来改造老设备，这样不仅可以达到时间短、收效快、针对性强的效果，还能节约购买新设备的投资。

除上述三种维修方式外，还有所谓的“无维修设计”。“无维修设计”是设备维修的理想目标，是指针对机电设备维修过程中经常遇到的故障，在新设备的设计中采取改进措施予以解决，力求使维修工作量降低到最低限度或根本不需要进行维修。

预防维修与故障(事后)维修对设备性能的影响如图 3-1-1 所示。

为提高设备维修效率，需重视设备维修的规律。通过对各种维修方式的实际记录进行统计与分析，可以看出预防维修的重要性，它使设备由随机故障期到耗损故障期的时间推迟，即有效寿命大大延长了。

日本钢铁工业自 20 世纪 50 年代起，随着设备的大型化、高速化，设备管理也经历了由事后维修进入预防维修阶段的转变。这一概念是 1951 年从美国引进的，然后又从预防维修

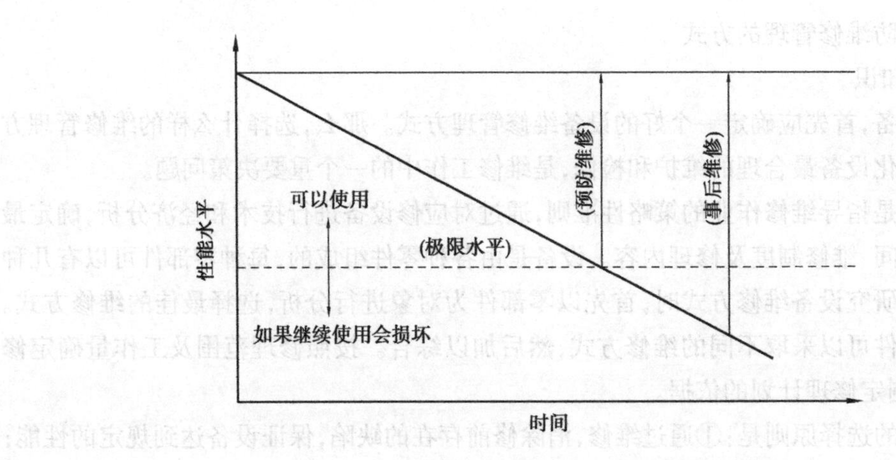

图 3-1-1　预防维修、故障(事后)维修分界面示意图

过渡到生产维修。

生产维修是一种以发展生产、提高效益为追求目标的最佳维修方式,其基本的出发点是维修的经济性。这是一种与生产紧密结合的维修方式,根据设备在生产中的地位、作用和价值大小,可采取不同的维修手段,以使设备能够得到针对性维修。

预防维修制与生产维修制的不同点表现在维修手段上,前者只包括两种手段:预防维修和事后维修,而后者还包括改善维修和维修预防。

实行预防维修制的基本做法有以下两点:

①设专职点检员,对设备按照规定的检查周期和方法进行预防性检查(即点检),其目的是为了取得设备状态信息。

②根据点检员提供的设备状态信息制订有效的维修对策,对设备有计划地进行调整、维修,做到在主要零部件磨损程度快要达到极限之前及时予以修理(或更换),使设备始终处于最佳状态。

这里最关键的是点检,它是预防维修活动中的核心。

(2)设备维修管理方式选择的原则是什么?

(3)设备维修管理的方式有哪些?

(4)什么是设备预防性维修?

(5)设备预防性维修的基本做法是什么？

(6)以小组为单位写一篇设备维修管理重要性、维修管理方式、今后工作中对设备维护管理的学习心得。

评价与分析

学习活动过程评价表

班级		姓名		学号		日期	年　月　日
序号	评价要点				配分	得分	总评
1	设备维修管目标				10		A○(86～100) B○(76～85) C○(60～75) D○(60 以下)
2	设备维修管理部门要解决的问题				10		
3	设备维修管的方式				10		
4	设备维修管理方式的选择原则				10		
5	预防性维修的概念				10		
6	预防性维修的做法				10		
7	学习心得				40		
8							
小结建议							

学习活动 3.2　熟悉设备维护管理制度

学习目标

- 熟悉设备维护保养的概念。
- 知道三级维护保养制度。
- 了解设备使用维护保养的基本要求。

建议学时

4 学时。

学习准备

对学生进行分组，教材、网络。

学习过程

1. 设备维护保养

(1) 相关知识

通过擦拭、清扫、润滑、调整等一般方法对设备进行护理，以维持和保护设备的性能和技术状况，称为设备维护保养。设备维护保养的要求主要有 4 项：

①清洁。使设备内外整洁，各滑动面、丝杠、齿条、齿轮箱、油孔等处无油污，各部位不漏油、不漏气，设备周围的切屑、杂物、脏物要清扫干净。

②整齐。工具、附件、工件（产品）要放置整齐，管道、线路要有条理。

③润滑良好。按时加油或换油，不断油，无干摩现象，油压正常，油标明亮，油路畅通，油质符合要求，油枪、油杯、油毡清洁。

④安全。遵守安全操作规程，不超负荷使用设备，设备的安全防护装置齐全可靠，及时消除不安全因素。

设备的维护保养内容一般包括日常维护、定期维护、定期检查和精度检查，设备润滑和冷却系统维护也是设备维护保养的一个重要内容。

设备的日常维护保养是设备维护的基础工作，必须做到制度化和规范化。对设备的定期维护保养工作要制定工作定额和物资消耗定额，并按定额进行考核。设备定期维护保养工作应纳入车间承包责任制的考核内容。设备定期检查是一种有计划的预防性检查，检查的手段除人的感官以外，还要有一定的检查工具和仪器，按定期检查卡执行。定期检查又称

为定期点检。对机械设备还应进行精度检查,以确定设备实际精度的优劣程度。设备维护应按维护规程进行。设备维护规程是对设备日常维护方面的具体要求和规定,坚持执行设备维护规程,可以延长设备使用寿命,保证安全、舒适的工作环境。其主要内容应包括:设备要达到整齐、清洁、坚固、润滑、防腐、安全等方面的作业内容和作业方法,使用的工器具及材料、达到的标准及注意事项;日常检查维护及定期检查的部位、方法和标准;检查和评定操作工人维护设备程度的内容和方法等。

(2)什么叫设备维护保养?

(3)设备维护保养的主要要求是哪几项?

(4)设备维护保养的主要内容有哪些?

2. 设备三级维护保养制度

1)相关知识

三级保养制度是我国从20世纪60年代中期开始逐步完善和发展起来的一种保养修理制,它体现了我国设备维修管理的重心由修理向保养的转变,反映了我国设备维修管理的进步和以预防为主的维修管理方针更加明确。三级保养制内容包括:设备的日常维护保养、一级保养和二级保养。三级保养制是以操作者为主对设备进行以保养为主、保修并重的强制性维修制度。三级保养制是依靠群众、充分发挥群众的积极性,实行群管群修,专群结合,搞好设备维护保养的有效办法。

(1)设备的日常维护保养

设备的日常维护保养,一般有日保养和周保养,又称日例保和周例保。

①日例保。日例保由设备操作人员当班进行,认真做到班前四件事、班中五注意和班后四件事。

a. 班前四件事:消化图样资料,检查交接班记录;擦拭设备,按规定润滑加油;检查手柄位置和手动运转部位是否正确、灵活,安全装置是否可靠;低速运转检查传动是否正常,润滑、冷却是否畅通。

b. 班中五注意:注意设备的运转声音,温度、压力,液位、电气、液压、气压系统,仪表信号,安全保险是否正常。

c. 班后四件事：关闭开关，所有手柄放到零位；清除铁屑、脏物，擦净设备导轨面和滑动面上的油污并加油；清扫工作场地，整理附件、工具；填写交接班记录和运转台时记录，办理交接班手续。

②周例保。周例保由设备操作工人在每周末进行，保养时间为：一般设备 2 h，精、大、稀设备 4 h。

a. 外观。擦净设备导轨、各传动部位及外露部分，清扫工作场地，达到内洁外净无死角、无锈蚀，周围环境整洁。

b. 操纵传动。检查各部位的技术状况，紧固松动部位，调整配合间隙；检查互锁、保险装置，使传动声音正常、安全可靠。

c. 液压润滑。清洗油线、防尘毡、过滤器，油箱添加油液或更换油液。检查液压系统，使油质清洁，油路畅通，无渗漏，无研伤。

d. 电气系统。擦拭电动机、蛇皮管表面，检查绝缘、接地，达到完整、清洁、可靠。

(2)一级保养

一级保养是以操作人员为主，维修工人协助，按计划对设备局部进行拆卸和检查，清洗规定的部位，疏通油路、管道，更换或清洗油线、毛毡、过滤器，调整设备各部位的配合间隙，紧固设备的各个部位。一级保养所用时间为 4 ~ 8 h，一保完成后应进行记录并注明尚未清除的缺陷，车间机械员组织验收。一保的范围应是企业全部在用设备，对重点设备应严格执行。

一保的主要目的是减少设备磨损，消除隐患，延长设备使用寿命，为完成到下次一保期间的生产任务在设备方面提供保障。

(3)二级保养

二级保养是以维修工人为主，操作者协助，按二级保养列入的设备检修计划对设备进行部分解体检查和修理，更换或修复磨损件，清洗、换油、检查修理电气部分，使设备的技术状况全面达到规定设备完好标准的要求。二级保养所用时间为 7 天左右。二保完成后，维修工人应详细填写检修记录，由车间机械员和操作者验收，验收单交设备动力管理部门存档。二保的主要目的是使设备达到完好标准，提高和巩固设备完好率，延长大修周期。

(4)“三级保养制”

必须使操作人员对设备做到“三好”、“四会”、“四项要求”，并遵守“五项纪律”。

①“三好”。

a. 管好：发扬主人翁的责任感，自觉遵守定人、定机和凭证使用设备制度，管好工具、附件，不损坏、不丢失、放置整齐。

b. 用好：保证设备不带病运转，不超负荷使用，不大机小用、精机粗用；遵守操作规程和维护保养规程，细心爱护设备，防止事故发生。

c. 修好：按计划检修时间停机修理；参加设备二级保养和大修完工后的验收试车工作。

②“四会”。

a. 会使用：熟悉设备的结构、技术性能和操作方法，懂得加工工艺；会选择切削用量，正

确地使用设备。

b. 会保养:会按润滑图表的规定加油、换油,保持油路畅通无阻;会按规定进行一级保养,保持设备内外清洁,做到无油垢、无脏物、漆见本色铁见光。

c. 会检查:会检查与加工工艺有关的精度检验项目,并能进行适当调整;会检查安全防护和保险装置。

d. 会排除故障:能通过不正常的声音、温度和运转情况发现设备的异常状态,并能判定异常状态的部位和产生原因,及时采取措施排除故障。

③“四项要求”。

a. 整齐:工件、附件放置整齐,安全防护装置齐全,线路、管道安全完整。

b. 清洁:设备内外清洁,各部位无油垢、无碰伤、不漏水、不漏油,垃圾、切屑清扫干净。

c. 润滑:按时加油、换油,且油质符合要求;油壶、油枪、油杯齐全;毛毡、油线、油表清洁;油路畅通。

d. 安全:实行定人、定机、凭证操作和交接班制度,遵守操作规程,合理作用、精心维护设备,确保安全无事故。

④“五项纪律”。

a. 凭证使用设备;

b. 保持设备清洁;

c. 遵守设备的交接班制度;

d. 管好工具、附件,不得遗失;

e. 发现异常,立即停车。

2)三级维护保养制度的内容是什么?

3)日常保养主要有哪些工作要做?

4)二级保养的工作内容是什么?

5)三级保养制度中操作人员应作到“三好”、“四会”、“四项要求”、“五项纪律”的内容是什么?

3. 设备的使用维护要求

1) 相关知识

(1) 精、大、稀设备的使用维护要求

①四定工作。

a. 定使用人员。按定人定机制度，精、大、稀设备操作者应选择本工种中责任心强、技术水平高和实践经验丰富的人员，并尽可能保持较长时间的相对稳定。

b. 定检修人员。精、大、稀设备较多的企业，根据本企业条件，可组织精、大、稀设备专业维修或修理组，专门负责对精、大、稀设备的检查、精度调整、维护、修理。

c. 定操作规程。精、大、稀设备应分机型逐台编制操作规程，并严格执行。

d. 定备品配件。根据各种精、大、稀设备在企业生产中的作用及备件来源情况，确定储备定额，并优先解决。

②精密设备使用维护要求。

a. 必须严格按说明书规定安装设备。

b. 对环境有特殊要求的设备(恒温、恒湿、防振、防尘)企业应采取相应措施，确保设备的精度、性能。

c. 设备在日常维护保养中不许拆卸零部件，发现设备运转异常应立即停车，不允许带故障运转。

d. 严格执行设备说明书规定的切削规范，只允许按直接用途进行零件精加工。加工余量应尽可能小。加工铸件时，毛坯面应预先喷砂或涂漆。

e. 非工作时间应加护罩，长时间停歇时应定期进行擦拭、润滑、空运转。

f. 附件和专用工具应有专用柜架搁置，保持清洁，防止研伤，不得外借。

(2) 动力设备的使用维护要求

动力设备是企业的关键设备，在运行中有高温、高压、易燃、有毒等危险因素，是保证安全生产的要害部位。为做到安全、连续、稳定供应生产上所需要的动能，对动力设备的使用维护应有特殊要求：

①操作人员必须事先培训并经过考试合格。

②必须有完整的技术资料、安全运行技术规程和运行记录。

③操作人员在值班期间应随时对设备进行巡回检查，不得随意离开工作岗位。

④设备在运行过程中遇有不正常情况时，值班人员应根据操作规程紧急处理，并及时报告上级部门。

⑤保证各种指示仪表和安全装置灵敏准确，应定期校验，备用设备完整可靠。

⑥动力设备不得带故障运转，任何一处发生故障必须及时消除。

⑦定期对设备进行预防性试验和季节性检查。

⑧对值班人员进行安全教育，严格执行安全保卫制度。

(3)设备的区域维护

设备的区域维护又称维修工承包机制。维修工人承担一定生产区域内的设备维修工作，与生产操作人员共同做好日常维护、巡回检查、定期维护、计划修理及故障排除等工作，并负责完成管辖区域内的设备完好率、故障停机率等考核指标。区域维修责任制是加强设备维修为生产服务、调动维修工人积极性和使生产工人主动关心设备保养和维修工作的一种良好机制。

设备专业维护主要组织形式是区域维护组。区域维护组全面负责生产区域的设备维护保养和应急修理工作，它的工作任务是：

①负责本区域内设备的维护修理工作，确保完成设备完好率、故障停机率等指标。

②认真执行设备定期点检和区域巡回检查制，指导和督促操作人员做好日常维护和定期维护工作。

③在车间机械员指导下参加设备状况普查、精度检查，调整、治漏，开展故障分析和状态监测等工作。

区域维护组这种设备维护组织形式的优点是：在完成应急修理时有高度机动性，从而可使设备修理停歇时间最短，而且值班钳工在无人召请时，可以完成各项预防作业和参与计划修理。

设备维护区域划分应考虑生产设备分布、设备状况、技术复杂程度、生产需要和修理钳工的技术水平等因素。可以根据上述因素将车间设备划分成若干区域，也可以按设备类型划分区域维护组。流水生产线的设备应按线划分维护区域。

区域维护组要编制定期检查和精度检查计划，并规定出每班对设备进行常规检查的时间。为了使这些工作不影响生产，设备的计划检查要安排在工厂的非工作日进行，而每班的常规检查要安排在生产工人的午休时间进行。

(4)提高设备维护水平的措施

为提高设备维护水平，维护工作应做到“三化”，即规范化、工艺化、制度化。

①规范化就是使维护内容统一，哪些部位该清洗、哪些零件该调整、哪些装置该检查，要根据各企业情况按客观规律加以统一考虑和规定。

②工艺化就是根据不同设备制订各项维护工艺规程，按规程进行维护。

③制度化就是根据不同设备、不同工作条件，规定不同维护周期和维护时间并严格执行。对定期维护工作，要制定工时定额和物质消耗定额，并按定额进行考核。

设备维护工作应结合企业生产经济承包责任制进行考核。同时，企业还应发动群众开展专群结合的设备维护工作(进行自检、互检，开展设备大检查)。

2)谈谈对精、大、稀设备的使用维护要求。

3）谈谈对动力设备的使用维护要求。

4）提高设备维护水平的主要措施有哪些？

4. 谈谈在今后工作中对设备的使用与维护应怎么做。

评价与分析

学习活动过程评价表

<table>
<tr><td>班级</td><td colspan="2"></td><td>姓名</td><td></td><td>学号</td><td></td><td>日期</td><td>年　月　日</td></tr>
<tr><td>序号</td><td colspan="5">评价要点</td><td>配分</td><td>得分</td><td>总评</td></tr>
<tr><td>1</td><td colspan="5">设备维护保养内容与要求</td><td>10</td><td></td><td rowspan="8">A○(86～100)
B○(76～85)
C○(60～75)
D○(60 以下)</td></tr>
<tr><td>2</td><td colspan="5">三级维护制度的内容</td><td>10</td><td></td></tr>
<tr><td>3</td><td colspan="5">日常维护保养的工作内容</td><td>10</td><td></td></tr>
<tr><td>4</td><td colspan="5">二级维护的内容</td><td>10</td><td></td></tr>
<tr><td>5</td><td colspan="5">三级维护保养制度操作人员要求</td><td>10</td><td></td></tr>
<tr><td>6</td><td colspan="5">精、大、稀设备的使用维护要求</td><td>10</td><td></td></tr>
<tr><td>7</td><td colspan="5">动力设备的使用维护要求</td><td>10</td><td></td></tr>
<tr><td>8</td><td colspan="5">谈工作中对设备的使用维护怎么做</td><td>30</td><td></td></tr>
<tr><td>小结建议</td><td colspan="8"></td></tr>
</table>

学习活动3.3　熟悉设备维护管理点检定修制

学习目标

- 能熟悉点检定修制的主要内容。
- 能知道点检制的主要内容。
- 能知道点检的目的、内容和分类。
- 能了解点检制与巡检制的区别。
- 能知道定修制的目的及意义。
- 能了解定修制的主要内容。

建议学时

6学时。

学习准备

对学生进行分组,教材、网络。

学习过程

1.点检定修制的主要内容

1)相关知识

点检定修制是一套加以制度化的比较完善的科学管理方法,其实质就是以预防维修为基础,以点检为核心的全员维修制。它是从日本新日铁引进的设备维修管理方式,这套方式的核心内容是点检和定修,统称为点检定修制。

点检定修制的主要内容有:

(1)推行全员维修制

凡参加生产过程的一切人员都要参加设备维护工作。生产操作人员负有用好、维护好设备的直接责任,要承担设备的清扫、紧固、调整、给油脂、小修理和日常点检业务,承担的具体项目和内容由生产操作人员与维修人员协商确定,要签订生产、维修分工协议。

(2)对设备进行预防性管理

通过点检人员对设备进行点检来准确掌握设备技术状况,实行有效的计划维修,维持和改善设备工作性能,预防发生事故,延长机件寿命,减少停机时间,提高设备有效作业率,保证正常生产,降低维修费用。

(3)以提高生产效益为目标,搞好计划性检修

它包括以下两方面:

一是合理精确地制订定(年)修计划,统一设定定修模型(即定修周期、日期、时间和负荷人数),并由生产计划部门确认,做到在适当的时间里进行恰当的维修,不因设备检修而打乱生产计划,力求减少或避免机会损失(即因检修准备不周而造成的生产损失)和能源损失。

二是为提高检修人员的工时利用率,以有限的人力完成设备所必需的全部检修工作量,对检修工程的实施分工、工程施工计划的编制、工程项目的委托、施工前后的安全确认、施工配合等一系列工作实行标准化程序管理。

2)什么是点检定修制?

3)点检定修制的主要内容是什么?

2. 点检制

1)相关知识

(1)点检

设备在运转和生产过程中会逐渐劣化,具体表现有磨损、腐蚀、变形、断裂、熔损、烧损、绝缘老化、异常振动等。设备的这些劣化现象是必然的,其结果会导致设备性能及精度下降,进而造成生产率和产品质量的下降。

通常,设备可能发生劣化的部位包括以下七个部分:

①回转部分(如各类轴承、轴套等)。

②滑动部分(如导轨面、滑块等)。

③传动部分(如压下螺母、齿轮、齿条等)。

④荷重支撑部分(如轧机牌坊、剪床刃台等)。

⑤与原材料相接触部分(如传送带、辊道等)。

⑥受介质腐蚀部分(如水、风、气各类管道、阀门等)。

⑦电气部分(如绝缘不良、烧损、短路、断线、整流不良等)。

设备发生劣化多半不是偶然突发性的。实践经验证明,在准确操作、使用和按要求进行日常维护保养的条件下,设备各部位的劣化是渐变过程,而且基本上是有规律、有发展期的,完全可以通过人为的努力延缓和推迟劣化。如果利用各种有效手段对相应部位进行必要的预防检查,则设备的劣化过程是可以掌控的,甚至是可以预知的。只要在设备发生故障和劣化之前进行相应的维修,故障和劣化就可以避免。

所谓点检,简而言之就是前述的预防性检查。它的定义是:为了维持生产设备原有的性能,通过用人的五感(视、听、嗅、味、触)或简单的工具仪器,按照预先设定的周期和方法对设备上的某一规定部位进行有无异常的预防性周密检查的过程,以使设备的隐患和缺陷能够得到早期发现、早期预防、早期处理,这样的设备检查称为点检。

点检的目的是通过对设备的检查、诊断,力求早期发现不良部位,确定消除隐患和缺陷的检修日期、范围和内容,制订检修工程计划,提出备件、主材料需用计划等,这是设备管理的基础工作。为做好这项工作,点检人员事先应对每台设备的各个部位根据设备设计要求及自己的经验制订出一套维修标准,然后把点检结果和标准作一比较,就不难判定该设备应该在什么时候维修,需要进行什么样的维修,这就是点检的全部意义。

(2)点检分类

根据点检的周期和方法,一般分为日常点检、定期点检、精密点检三大类。

①日常点检。

日常点检的内容有振动、异声、松动、温升、压力、流量、腐蚀、泄漏等可以从设备的外表进行监测的现象,主要凭感官进行检测。对于设备的重要部位,也可以使用简单的仪器,如测振仪、测温计等。日常检查主要由操作人员负责。使用检查仪器时,则需由专业人员进行操作,所以也称为在线检查。对一些可靠性要求很高的自动化设备,如流程设备、自动化生产线等,需要用精密仪器和计算机进行连续监测和预报的作业方法,称为状态监测。每种机型设备都要根据结构特点制订日常检查标准,包括检查项目、方法、判断标准等,并将检查结果填入日点检卡,做好记录。

②定期点检。

设备定期检查的主要内容包括:检查设备的主要输出参数是否正常;测定劣化程度,查出存在的缺陷(包括故障修理和日常检查发现而尚未排除的缺陷);提出下次预修计划的修理内容和所需备件或修改原定计划的意见;排除在检查中可以排除的缺陷。

定期检查的周期应大于1个月,一般为3个月、6个月、12个月。

一般按设备的分类组(如普通车床、镗床、外圆磨床、空气锤、液压机、桥式起重机等)制定通用定期检查标准,再针对同类组某种型号设备的特点制订必要的补充标准,作为定期检查依据。

定期检查列入企业月份设备修理计划,由生产车间维修人员负责执行。对实行定期维护(一级保养)的设备,定期检查与定期维护应尽量结合进行。检查结果记入定期检查记录表。

③精密点检。

为了保证加工件的精度,需要对设备几何精度和工作精度进行定期检测,以确定设备的实际精度,为设备调整、修理、验收和报废更新提供依据。根据前后两次的精度检查结果和间隔时间,可以计算出设备精度的劣化速度。新设备安装后的精度检验结果,不但是设备验收的依据,还可据此按产品精度要求来分析设备的精度储备量。

(3)点检制

点检制是设备管理工作中的一项有关点检的基本责任制度,也是以点检为核心的设备维修管理体制的简称。该制度的建立产生了设备维修的一个新工种——点检工,其目的不是对设备进行检修,而是对设备进行管理,所以点检制也叫管理方制度。

①点检制的主要内容:

a. 建立以点检为核心的维修管理体制。各二级厂从各个专业角度出发,把全厂设备按生产流程划分为若干个管理区段,每个区段按机械、电气、仪表等不同专业组成点检作业区。作业区下设点检组,每个点检组由若干个点检员组成。点检员的任务繁多,为了保证高效率,每天工作时间有严格规定,一般上午按预先确定好的点检部位、路线对设备进行点检;下午开展管理业务,整理各种维修记录,绘制倾向管理曲线,制订计划以及进行其他业务联系工作,在检修时还要对工程进行管理。可见点检员的主要职能是管理,因此,他们的地位不同于一般维修人员。就其工作性质而言,在整个设备管理系统中,一切设备信息源主要来自于点检员,维修计划、资材计划都是由他们制订、落实,劣化倾向管理、精密点检都是由他们组织实施,维修方针、目标也是依靠他们去实现,故与操作人员、检修人员相比,他们属于管理方。

b. 点检作业区承担的维修管理业务。可归纳为以下 9 个方面:

- 制订、修改维修标准。
- 编制、修订点检计划。
- 进行点检作业,并指导操作人员进行设管日常维护和点检作业。
- 搜集设备状态情报,进行劣化倾向管理。
- 编制检修计划,做好检修工程的管理工作。
- 制订维修所需材料计划。
- 编制维修费用计划。
- 进行事故分析处理,提出修复、预防措施。
- 做好维修记录,分析维修效果,提出改善管理、改善设备性能的建议。

c. 严格按标准进行点检作业。

②点检制与巡检制的主要区别:

巡检制是从中国 20 世纪 60 年代大庆油田的管理经验中总结而来的,它是根据预先设定的检查部位和主要内容,按照一定的路线和规定的时间进行粗略的巡视检查,以消除运转中的缺陷和隐患为目的,适用于分散布置的设备。

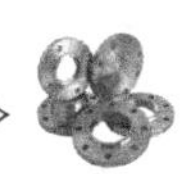

巡检制与点检制的主要区别见表3-3-1。

表3-3-1　巡检制与点检制的区别

巡检制	点检制
只是规定值班人员的一种检查方法。其检查结果,仅供编制维修计划时参考。	是一项有关设备管理工作的基本责任制度。通过诊断,掌握设备损坏的周期规律,其点检结果,可作为制订维修计划的主要依据。
只有值班维修人员参加巡检。	除值班维修人员外,还必须有生产操作人员参加日常点检,专职点检人员进行定期点检,实行全员维修管理。
参加巡检的人员不固定,且不具有管理职能。	设有专职点检人员进行定期点检,并按设备分区段进行管理,即具有管理职能(如制定维修计划、掌握设备动态、分析事故、提出维修资材计划等),并按其责任给予相应的权力。同时,做到定区段、定设备。
按巡检路线进行粗略的检查。缺乏检查内容,也无一套完整的检查用标准、账卡和明确的检查业务流程,仅填写一般的检查记录。	建有一套科学的标准、账卡和制度以及点检业务流程。点检略线和点检部位、项目内容、周期、方法等规定明确,点检记录完整,所有工作程序均已标准化。
无明确的判定标准,其实质是一种定量的运行管理	在点检的同时,把设备劣化倾向管理和诊断技术结合起来,对有磨损、变形、腐蚀等减损量的点,根据维修技术标准的要求进行劣化倾向的定量管理,以测定其劣化程度,达到预知维修的目的
只是实行一级的当班检查。	实行三级点检:日常点检;精密点检。
修检合一(值班维修人员隶属检修部门)。	必须建立一个合理的维修组织机构,把点检方与检修方分开。

总之,点检制为实行预防维修解决了设备应在什么时候维修、需要什么样的维修的难题。但要确保设备及时、正确地得到维修,还需要通过建立定修制来解决这个问题。

2)什么叫设备的点检,点检的目的是什么?

3)按点检的周期和方法分点检分为哪三大类?

4)日常点检的内容是什么?

5)点检制的主要内容有哪些?

6)试比较点检制与巡检制的区别。

3. 定修制

1)相关知识

(1)定修

生产作业线可划分为两大类,即主作业线、普通作业线。凡停机后对全公司(或全总厂)生产计划的完成有影响的称为主作业线,其设备称为主作业线设备。如某大型钢厂的炼焦生产线称为主作业线,也就是从原料煤开始经过输送、粉碎、配煤、装入、炼焦、推焦、干熄焦、筛分直到高炉焦库为止的这一冶金焦生产的全过程,在这条生产作业线上的设备称为主作业线设备。主作业线是生产的生命线,只要主作业线上任一环节发生故障,主作业线便会停止生产,而直接影响钢铁产品的生产。因此,确保主作业线设备的正常运行是每个设备工作者的应尽职责。

但是,也有些生产作业线停机后并未影响生产计划的完成,这样的生产作业线称为普通作业线,其设备也称为普通作业线设备,如原料设备、运输设备及各主作业线以外的辅助设备。

由于生产作业线设备分为主作业线设备和普通作业线设备两大类,这就引出了定(年)修、日修等概念,并为检修分工奠定了基础。

所谓定修,就是在主作业线停产条件下进行的计划检修。定修是按照一定的模式有计划地进行的。定修日期是固定的,每次定修时间一般不超过 16 h。从安全角度考虑,原则上定修日不安排在星期一、六、日进行。一般定修的周期应视设备状况而定,在不同的时期亦可作相应的调整。

所谓年修,就是连续几天进行的定修。

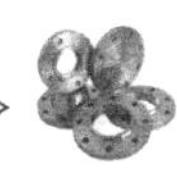

所谓日修，就是不需要在主作业线停产条件下进行的计划检修。即在进行日修时不影响正常的生产，它包括了对普通作业线设备的检修。

但有些重要设备（如原料码头上的卸船机）虽然不在主作业线上，当它们需连续多天进行计划检修时，主作业线生产仍会受到很大影响，所以这样的检修也应当作年修来安排和管理。

定（年）修与日修的管理程序是完全不同的。定（年）修与公司生产计划关系密切，故定（年）修计划应纳入公司生产计划，由公司设备部统一管理。日修不影响公司生产计划，可在平日进行，故日修的日期与时间由各二级厂自行安排。

通常，定（年）修主要由公司集中管理的专业检修公司来承担。

(2)定修制

①定修制的意义、目的。

定修制是一种生产设备组织计划检修的基本形式，是以设备的实际技术状况为基础而制订出的一种检修管理制度。其目的是为了能安全、经济、优质、高效率地进行检修，防止检修时间的延长而影响生产。因此，在定修管理上必须遵循以下两项原则：

a. 要确保主要生产设备能在适当的时间里进行恰当的维修，既要防止为追求产量而拼设备，造成设备因欠修而提前磨损或发生故障，也要防止设备不按计划检修而打乱生产计划的执行。

b. 预先设定的检修负荷即各检修工种需用人数，应保证不因人力不足而削减点检的委托项目，但设定值也不宜过大，以免浪费人力。实施中一定要严加控制，以减小检修负荷的波动。

定修制就是为了实现以上两项原则而制定的检修管理制度，定修应看成是点检的继续。从某种意义上可以认为，点检制和定修制是两个有互为因果关系的维修管理制度，也是不可分割的整体。没有定修制，点检制也难以执行。点检制、定修制应该作为一个完整的制度推广，若只进行点检，不进行定修，仍沿用过去的大、中、小修，那么推行点检制就失去了现实意义。

②定修制的基本内容。

a. 设定定修模型。为了用最少的费用来取得最大的维修效果，充分利用现有的检修力量，公司设备部门应从全局利益出发，既要照顾生产要求，又要满足设备需要，对定修实行有效的标准化管理。这个管理标准就是所谓的定修模型。它是搞好设备维修管理极为重要的方法，具体做法是统一设定各主作业线设备的定修模式，其内容包括各主作业线设备的定修周期、定修时间、施工日期、负荷人数等设定值，以及各工序定修的配合方式。定修模型中的设定值要遵循以下原则：

- 要满足公司的经营方针。
- 要保证生产工艺线上物料畅通、能源损失最少，即定修的组合要合理。
- 定修周期、时间的设定要符合主要部件的使用寿命，符合设备实际状况。
- 投入检修的人数要符合设备实际检修工作量，波动不宜过大。

• 定修组合后的检修工作量力求均衡，以有限的检修人员完成更多的工作量。某钢厂开工初期设定的定修模型见表 3-3-2。

表 3-3-2 某钢厂开工初期设定的定修模型表

序号	模型代号	作业线名称	定修周期	定修时间	施工日期	负荷人数				
						机	电	仪	其他	合计
1	炼钢	炼钢	10 d	10–12 h	周二、五	200	130	40	40	410
2	烧结	烧结	1 M	18 h	周二、五	345	51	29	128	523
3	烧焦	烧焦	4 W	4 h	周四	50	25	10	25	110
4	高炉	高炉	1 M	16 h	周二、五	406	60	66	158	690
5	钢管	钢管	1 M	12 h	周三	65	40	12	13	130
6	初轧	初轧	10 d	14 h	周二、五	350	90	20	130	590

由表 3-3-2 可看出：高炉、转炉、初轧在每个月中要遇上一次定修，也就是三厂联合定修。

b. 制定定修计划。定修计划是控制定修实施的一种手段，它是定修模型在计划管理实施过程中的具体化，其目的是预知定(年)修项目数、确定的日期和时间，以便于预安排生产设备方面的工作。定修计划有跨年度的长期计划、年度计划、季度计划和月度计划。

(3)点检、定修制在设备维修管理制度中的地位

为了统一参与现代化设备管理活动部门和人员的行为，必须制订以下设备维修管理制度：

①设备点检管理制度。

②设备定修管理制度。

③设备使用维护管理制度。

④设备检修工程管理制度。

⑤设备维修备件管理制度。

⑥设备维修技术管理制度。

⑦设备技术状态管理制度。

⑧设备事故、故障管理制度。

⑨设备维修费用管理制度。

图 3-3-1 展示了以上 9 项管理制度的相互关系。

在点检制和定修制中，基本体现了现代化设备维修管理和实施方式。因此，这两项制度是 9 项制度中的主体。

准确使用设备，搞好设备的日常维护保养，对检修工程、维修备件实行标准化管理，对维修技术力量的有效使用，都是执行点检制、定修制必须具备的条件。第③、④、⑤、⑥项制度是分别为了实现上述目标而制订的。

第⑦、⑧、⑨项制度分别是为了实现“保持设备良好技术状态”、“减少事故、故障时间和

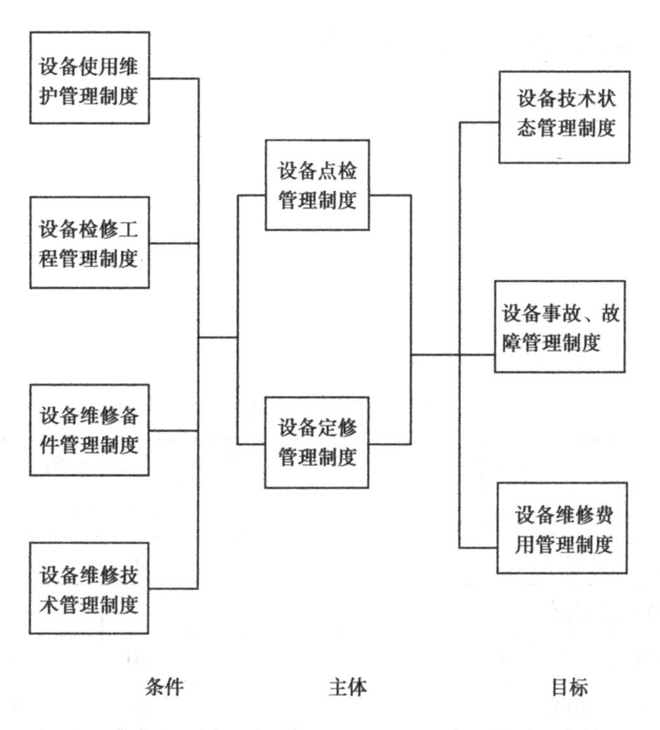

图 3-3-1　设备维修管理制度的构成及相互关系

损失”、“减少维修费用”等三项目标而制订的。

因此，可以说后七项制度是点检制和定修制的补充，它们之间有着内在的相互联系，这9项制度应看成是一个不可分割的整体。所谓点检定修制，不单指点检、定修两项制度，而是维修管理制度的统称，也是现代化设备维修管理工作的重要组成部分。

2）生产作业线可划分为____________、____________两大类。

3）定修的概念是什么？

4）定修制应遵循的两项基本原则是什么？

5）定修制基本内容是什么？

6）定修计划有________、________、________和________。

4. 谈谈点检定修制在设备管理维护中的作用。

评价与分析

学习活动过程评价表

班级		姓名		学号		日期	年 月 日
序号	评价要点				配分	得分	总评
1	点检定修的概念				10		A○(86～100) B○(76～85) C○(60～75) D○(60以下)
2	点检定修制的内容				10		
3	点检的概念、目的、内容				10		
4	点检制的主要内容				10		
5	点检制与巡检制的区别				10		
6	定修的概念				10		
7	定修制的基本内容				10		
8	谈点检定修制在设备管理维护中的作用				30		
小结建议							

学习活动3.4　学习设备修理计划的编制与实施

学习目标

- 能知道修理类别的划分。
- 能知道小修、项修、大修的内容。
- 能了解修理计划的编制方法及内容。
- 能懂得修理计划的实施与组织方法。

建议学时

6 学时。

学习准备

对学生进行分组,教材、网络。

学习过程

1. 修理类别的划分

1)相关知识

由于设备维修方式和修理对象、部位、程度以及企业生产性质等的不同,设备的修理类别也不完全相同。

机械工业企业的设备预防性计划修理,按修理内容、技术要求和工作量大小可划分为大修、项修和小修三种类型。在工业企业的实际设备管理与维修工作中,小修已和二级维护保养合在一起进行;项修主要是针对性修理,很多企业通过加强维护保养和针对性修理、改善性修理等来保证设备的正常运行;但是对于动力设备、大型连续性生产设备、起重设备以及某些必须保证安全运转和经济效益显著的设备,有必要在适当的时间安排大修。各类设备所包含的工作内容和要求不同,应根据每台设备的使用和磨损情况,确定不同的修理工作类别。

(1)小修

小修或称为日常维修,是指根据设备日常检查或其他状态检查中所发现的设备缺陷或劣化征兆,在故障发生之前及时进行排除的修理,属于预防修理范围,工作量不大。日常维修是车间维修组除项修和故障修理任务之外的一项极其重要的控制故障发生的日常性维修工作。

小修是对设备进行修复,更换部分磨损较快和使用期限等于或小于修理间隔期的零件,调整设备的局部机构,以保证设备能正常运转到下一次计划修理。小修时,要对拆卸下的零件进行清洗,将设备外部全部擦净。小修一般在生产现场进行,由车间维修人员执行。通常情况下,可以用二级保养来代替小修。

小修主要内容包括:恢复安装水平;调整影响工艺要求的主要项目的间隙;局部恢复精度;修复或更换必要的磨损零件;刮研磨损的局部及刮平伤痕、毛刺;清洗各润滑部位,更换油液并治理漏油部位;清扫、检查、调整电气部位;做好全面检查记录,为计划修理(大修、项修)提供依据。机电设备累计运转约 2 500 h,要进行一次二级保养,一般停修时间为 24 ~ 32 h。

(2)项修

项修即项目修理,也称为针对性修理。项修是为了使设备处于良好的技术状态,对设备精度、性能、效率达不到工艺要求的某些项目或部件，按需要所进行的具有针对性的局部修理。修理时，一般要部分解体，修复或更换磨损零件，必要时进行局部刮研，校正坐标，使设备达到应有的精度和性能。进行项修时，只针对需检修部分进行拆卸分解、修复；更换主要零件；研制或磨削部分的导轨面；校正坐标，使修理部位及相关部位的精度、性能达到规定标准，以满足生产工艺的要求。

项修时，对设备进行部分解体，修理或更换部分主要零件与基准件的数量约为 10% ~ 30%，修理使用期限等于或小于修理间隔期的零件；同时，对床身导轨、刀架、床鞍、工作台、横梁、立柱、滑块等进行必要的刮研，但总刮研面积不超过 30% ~40%，其他摩擦面不刮研。项修时要求校正坐标，恢复设备规定精度、性能及功率；对其中个别难以恢复的精度项目，可以延长至下一次大修时恢复；对设备的非工作表面要打光后涂漆。项修的大部分修理项目由专职维修人员在生产车间现场进行，个别要求高的项目由机修车间承担。设备项修后，质量管理部门和设备管理部门要组织机械员、主修人员和操作者根据项修技术任务书的规定和要求，共同检查验收。检验合格后，由项修质量检验员在检修技术任务书上签字，主修人员填写设备完工通知单，并由送修单位与承修单位办理交接手续。

项修的主要内容包括：

①全面进行精度检查，据此确定需要修理或更换的零部件。

②修理基准件，刮研或磨削需要修理的导轨面。

③对需要修理的零部件进行清洗、修复或更换（到下次修理前能正常使用的零件不更换）。

④清洗、疏通各润滑部位，更换油液，更换油毡油线。

⑤治理漏油部位。

⑥涂装或补漆。

⑦按修理精度、出厂精度或项修技术任务书规定的精度标准检验，对修完的设备进行全部检查。但对项修时难以恢复的个别精度项目可适当放宽。

(3)大修

大修即大修理，是指以全面恢复设备工作精度、性能为目标的一种计划修理。大修是针对长期使用的机电设备，为了恢复其原有的精度、性能和生产效率而进行的全面修理。

在设备预防性计划修理类别中，设备大修是工作量最大、修理时间较长的一类修理。在进行设备大修时，应将设备全部或大部分解体；修复基础件；更换或修复磨损件及丧失性能的零部件、电气零件；刮研或磨削；刨削全部导轨；调整修理电气系统；整机装配和调试，以达到全面清除大修前存在的缺陷，恢复规定的性能、精度、效率，使之达到出厂标准或规定的检验标准。

对设备大修，不但要达到预定的技术要求，而且要力求提高经济效益。因此，大修前应切实掌握设备的技术状况，制定切实可行的修理方案，充分做好技术和生产准备工作；在修理中要积极采用新技术、新材料、新工艺和现代管理方法，做好技术、经济和组织管理工作，以保证修理质量、缩短停修时间、降低修理费用。

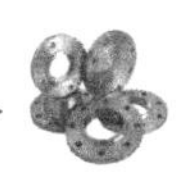

在设备大修中,要对设备使用中发现的原设计制造缺陷,如局部设计结构不合理、零件材料设计使用不当、整机维修性差、拆装困难等,可应用新技术、新材料、新工艺去针对性地改进,以期提高设备的可靠性。也就是说,通过“修中有改、改修结合”来提高设备的技术性能。

大修时需将设备全部拆卸分解,进行磨削或刮研,修理基准件,更换或修复所有磨损、腐蚀、老化等已丧失工作性能的主要部件或零件,主要更换件数量一般达到30%以上。设备大修后,要求能恢复设备的工作能力,达到设备出厂精度。外观方面,要求全部内外打光、刮腻子、刷底漆和涂装。一般设备大修时,可拆离基础件运往机修车间修理,

为避免拆卸损失,大型精密设备可不必拆卸,在现场进行大修。设备大修后,质量管理部门和设备管理部门应组织使用和承修的有关人员按照“设备修理通用技术标准”和“设备修理任务书”的质量要求检查验收。检验合格后,由大修质量检验员在大修技术任务书上签字,由主修技术人员填写设备修理完工通知单,承修单位进行安装、调试并移交生产部门,由送修单位与承修单位办理交接手续。设备大修移交生产后,应有一定的保修使用期。

大修的主要内容包括:

①对设备的全部或大部分部件解体检查,进行全部精度检验,并做好记录。

②全部拆卸设备各部件,对所有零件进行清洗,做出修复或更换的鉴定。

③编制大修理技术文件,并作好备件、材料、工具、检具、技术资料等各方面准备。

④更换或修复磨损零部件,以恢复设备应有的精度和性能。

⑤刮研或磨削全部导轨面(磨损严重的应先刨削或铣削)。

⑥修理电气系统。

⑦配齐安全防护装置和必要的附件。

⑧整机装配,并调试达到大修质量标准。

⑨翻新外观,重新涂装、电镀。

⑩整机验收,按设备出厂标准进行检验。

除做好正常大修内容外,还应考虑适时、适当地进行相关技术改造,如对多发性故障部位,可改进设计来提高其可靠性;对落后的局部结构设计、不当的材料使用、落后的控制方式等,酌情进行改造;按照产品工艺要求,在不改变整机结构的情况下,局部提高个别主要部件的精度等。

对机电设备大修的总的技术要求是:全面清除修理前存在的缺陷,大修后应达到设备出厂或修理技术文件所规定的性能和精度标准。

2)机械工业企业的设备预防性计划修理,按修理内容、技术要求和工作量大小可划分为________、________和________三种类型。

3)小修的主要工作内容有哪些?

4)项修的主要工作内容有哪些?

5)大修的主要工作内容有哪些?

2. 修理计划的编制

1)相关知识

设备修理计划是企业生产、技术、财务计划的组成部分,一般分为年度、季度和月度计划。它同企业产品生产计划同时下达,并定期进行检查和考核。考核办法一般以年度计划为基础,以季度计划为依据,实行月检查、季考核。

(1)设备修理计划

正确地编制设备修理计划,可以统筹安排设备的修理及修理所需的人力、物力与财力,有利于做好修理前准备工作,缩短修理停歇时间,节约修理费用,并可与作业计划密切配合,既保证生产的顺利进行,又保证维修任务的按时完成。

设备修理计划的内容包括:确定计划期内修理的种类、劳动量、进度和设备的修理停歇时间;计算修理用材料和配件数量;编制修理费用预算等。

①年度修理计划的编制。

机电设备年度修理计划是企业设备维修工作的大纲,计划中包含有全年、各季和各月的设备修理任务。在年度计划中,一般只对设备的修理数量、修理类别和修理时间作大致安排;具体的内容在季度、月度计划中作详细安排。

年度维修计划包括二级保养和项修、大修计划,高精度、大型和稀有设备修理计划,动力设备定期安全性能试验计划等,由设备管理部门负责编制。

a. 编制设备年度维修计划的基础资料。

- 各种修理工作定额,即复杂系数、劳动量定额、设备修理停歇时间定额、设备修理费用定额等。
- 设备的修理间隔期、修理周期和修理周期结构。
- 设备维修记录和故障统计资料。
- 设备年度技术状况普查资料。

• 计划期内各车间的年度生产计划等。

根据这些资料和设备实际开动台时，参考历次设备修理定额实际达到情况，在上一年第三季度提出计划年度应修设备的初步计划，然后由维修部门和使用部门共同组成设备状况检查小组，根据初步计划，逐台鉴定应修设备的精度、性能和磨损情况，确定应大修、项修、小修或二级保养。最后根据检查结果和生产情况，分轻重缓急，修订初步计划，编制正式修理计划和修理用劳动力、材料、费用等计划。

b. 编制设备年度修理计划的基本原则。

企业在安排设备年度修理计划时，必须通盘考虑、全面安排、综合平衡。

• 要考虑维修与生产之间的平衡。从设备维修部门来讲，应该尽量创造条件为生产服务。在维修计划的安排上，要先重点，后一般，确保关键，先把精密、大型、稀有、关键设备安排好；对于连续或周期性生产的设备（如热力、动力设备及单台关键设备），必须使设备检修与生产任务紧密结合；同型号设备尽可能连续修理。在一般设备中，要先把历年失修的设备安排好，采取有效措施，尽最大可能压缩设备修理停歇时间，有利于生产。从生产部门来讲，安排生产任务一定要留有余地，不能为追求产值、产量而挤掉设备维修时间。在实际工作中，一个行之有效的方法就是实行“三同时”，即安排生产任务时，同时安排设备维修任务；检查考核生产任务时，同时检查考核设备维修任务；总结评比生产任务完成情况时，同时总结评比设备维修任务完成情况。把维修和生产统一起来，对生产是非常有益的。

• 要注意维修任务与维修力量的平衡。维修力量是指为维修全厂生产设备所配备的修理人员和主要的金属加工设备。维修人员一般按全厂生产设备的修理复杂系数配备，每1 000个复杂系数应配备20~30人，或按企业生产人员总数的8%~15%配备维修人员。设备修理所需的主要金属加工设备，可按企业设备修理复杂系数总和进行配备，或按企业生产设备总台数的6%~8%配备。

• 要注意设备维修任务与维修需用的原材料、外购件、外协件和备件等供应之间的平衡。这是缩短修理时间、提高维修质量、保证修理周期、完成检修计划的重要环节。在实际工作中，有时会出现由于备件供应不足或不及时而影响维修任务的完成，因而影响了生产。

c. 编制年度修理计划应注意的问题。

• 在安排设备修理进度时，对跨年、跨季、跨月的计划修理任务，应安排在要求完成的期限之内，要把年度计划与季度、月度计划很好地结合起来，按季、按月、分车间加以平衡，并使年度修理计划和生产计划相互衔接。一方面应根据机修车间和生产车间维修组的能力及设备的实际情况，调整进度，以达到每月修理劳动量大致平衡；另一方面，在平衡劳动量的同时，也要照顾到各车间生产设备修理台数的平衡，防止产生某一车间在某个月份检修设备过多，工时不足的现象。在进行平衡时，需编制修理用劳动力和设备能力计划，核实机修车间和生产车间维修组的人力配备和设备情况，以确保年度修理计划、备品、备件生产和日常维护任务的完成。

• 应考虑修理前技术、生产准备工作的工作量和时间进度。第四季度修理项目的工作量应适当减少，以便为下年度生产留出准备时间。

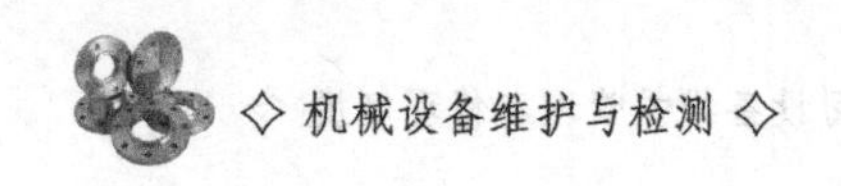

②季度和月度修理计划的编制。

季度修理计划是年度修理计划的继续和具体化,是贯彻年度修理计划的保证,也是检查和考核维修任务完成情况的依据。季度修理计划一经正式下达,就要从各方面采取措施保证计划的执行。

设备季度修理计划是实现年度修理计划的重要环节,要做好各种技术文件与配件的供应,搞好修理前的准备工作。设备年度修理计划编制后,除一季度计划不变外,其他各季的计划,由于各种因素,如修理前生产技术准备工作的变化、设备事故造成的损坏、生产任务的变化等,可能使年度修理计划不能全部按原订进度执行,需要结合设备状况和生产任务的变化等实际情况,对年度修理计划中规定的任务按季进行适当的调整和落实。

月度修理计划是季度修理计划的具体化,是设备修理的作业计划。正确编制和认真执行月度修理计划,是保证设备处于良好状态及生产正常进行的重要条件。

月度修理计划要对季度计划中规定的下月任务提出具体安排和调整意见,由设备修理计划员汇总,并在安排好修前准备、落实好修理停歇时间的基础上编出下月修理计划。

根据季度修理计划和上月修理计划实际完成情况,由设备管理部门编制月份大修计划,车间编制本车间月份一、二级保养计划。在编制月度修理计划时,应与生产车间紧密联系,以便车间在编制月度生产作业计划时,考虑应停修的设备。同时也要考虑修前的准备工作,如技术文件是否齐备,备件、配件、外购件能否保证供应等。

③分设备编制修理作业进度计划。

为保证各种设备,特别是精密、大型、稀有关键设备能够按质、按时完成修理任务,还必须分设备编制修理作业进度计划。

对于结构复杂的高精度、大型、关键设备的大修计划应采用网络技术编制。实践证明,网络技术对人力、物力、设备、资金等资源的合理使用,对缩短修理工期、提高经济效益都有显著的效果。

(2)设备修理工作定额

设备的修理工作定额是编制设备修理计划、组织修理业务的依据。正确制订修理工作定额,能加强修理计划的科学性和预见性,便于做好修理前的准备,使修理工作更加经济合理。在编制机电设备修理计划前,必须事先制订各种修理定额。

设备修理定额主要有:设备修理复杂系数、修理劳动量定额、修理停歇时间定额、修理周期、修理周期结构和修理间隔期等。

①设备修理复杂系数。

设备修理复杂系数又称为修理复杂单位或修理单位。修理复杂系数是表示机器设备修理复杂程度的一个数值,是据以计算修理工作量的假定单位。这种假定单位的修理工作量,是以同一类的某种机器设备的修理工作量为其代表的。它是由设备的结构特点、尺寸大小、精度等因素决定的,设备结构越复杂、尺寸越大、加工精度越高,则该设备的修理复杂系数越大。如在金属切削机床中,通常以最大工件直径为 400 mm、最大工件长度为 1 000 mm 的 C620 车床作为标准机床,把它的修理复杂系数规定为 10;电气设备是以额定功率为 0.6 kW

的保护式笼型同步电动机为标准设备，规定其修理复杂系数为1。其他机器设备的修理复杂系数，可根据它自身的结构、尺寸和精度等与标准设备相比较来确定。这样在规定出一个修理单位（用“R”表示）的劳动量定额以后，其他各种机器设备就可以根据它的修理单位来计算修理工作量了。同时，也可以根据修理单位来制订修理停歇时间定额和修理费用定额等。

企业的主管部门在确定了各类设备、各种机床的修理复杂系数（机械、电气分别确定复杂系数）后，应制定成企业标准，供企业设备维修工作时使用。

②修理劳动量定额。

修理劳动量定额是指企业为完成机器设备的各种修理工作所需要的劳动时间，通常用一个修理复杂系数所需工时来表示。例如，一个修理复杂系数的机床大修工作量定额包括：钳工 40 h；机械加工 20 h；其他工种 4 h，总计为 64 h。

③设备修理停歇时间定额。

设备修理停歇时间定额是指设备交付修理开始至修理完工验收为止所花费的时间。它是根据修理复杂系数来确定的。一般来讲，修理复杂系数越大，表示设备结构越复杂，而这些设备大多是生产中的重要、关键设备，对生产有较大的影响，因此，要求修理停歇时间尽可能短些，有利于生产。

④修理周期和修理间隔期。

修理周期是相邻两次大修之间机器设备的工作时间。对新设备来说，是从投产到第一次大修之间的工作时间。修理周期是根据设备的结构与工艺特性、生产类型与工作性质、维护保养与修理水平、加工材料、设备零件的允许磨损量等因素综合确定的。

修理间隔期是相邻两次修理之间机器设备的工作时间。

检查间隔期是相邻两次检查之间，或相邻检查与修理之间机器设备的工作时间。

⑤修理费用定额。

修理费用定额是指为完成机器设备修理所规定的费用标准，是考核修理工作的费用指标。企业应考虑修理的经济效果，不断降低修理费用定额。

2）年度维修计划包括____________、____________、____________、____________、____________、____________、____________计划等，由____________负责编制。

3）修理计划的内容有哪些？

4）编制修理计划需具备哪些基础资料？

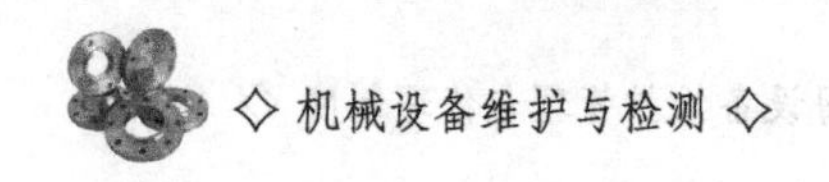

5)设备修理定额有哪些?

6)解释设备修理复杂系数。

3. 修理计划的组织方式。

1)相关知识

各种维修活动的相互关系如图 3-4-1 所示。

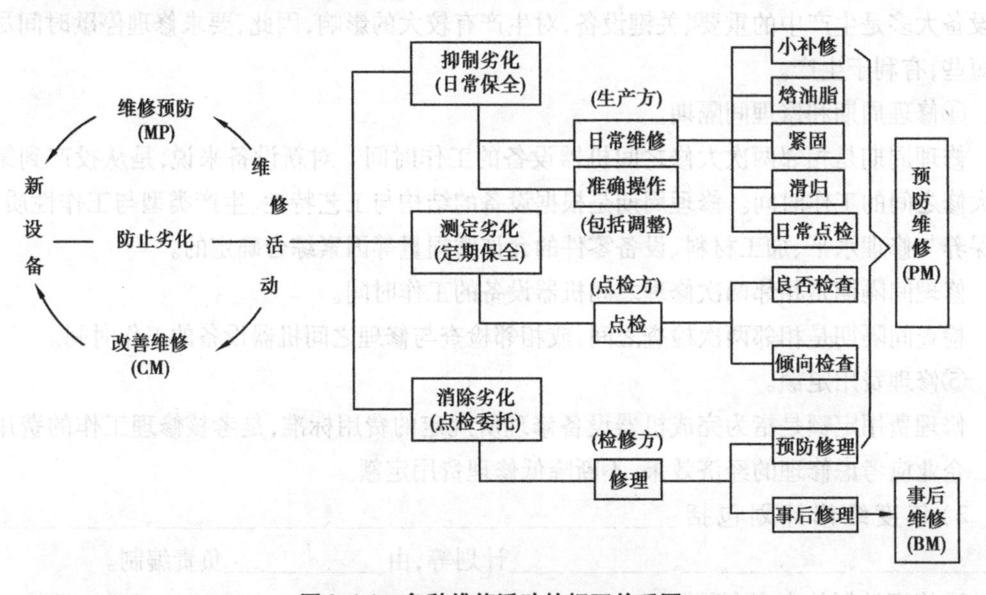

图 3-4-1　各种维修活动的相互关系图

维修活动是从以下两个方面展开的:

①以维持设备性能为目的,把故障降低到最低限度。

②根据维修活动中发现的问题,对设备进行改善,以提高维修效果。

从维修活动的内容来看,与前面所述的维修方式的要求是相对应的,各种维修活动的功能作用可以分为三类:

①抑制设备性能的劣化。

②测定设备性能的劣化程度。

③消除设备的劣化。

这三类功能作用中,首先要做好第一类工作,即通过日常保全来延缓与推迟设备性能的

劣化。但设备总是要趋于劣化的，所以到一定时期后要进行一次测定，即通过定期保全，掌握设备的劣化程度，判断离劣化极限还相差多少，这就是第二类的功能作用。经测定后，设备达到需要修复的程度再进行更换或修复，这就是第三类的功能作用，即通过修理来消除设备的劣化。

通常，直接参与维修活动的主要有三方面的人员，三方维修业务分工如下：

第一类的功能作用主要由生产人员完成，其中一部分生产人员难以完成的，则可由跟班的抢修人员（或值班维修工）完成。

第二类的功能作用基本上由点检人员完成。有一些点检人员无法完成的项目，则可委托检修人员完成。

第三类的功能作用主要由检修人员完成。

设备修理计划一经确定，就应严格执行，保证实现，争取缩短修理停歇时间。对设备修理计划的执行情况，必须进行检查，通过检查既要保证计划进度，又要保证修理质量。设备修理完工后，必须经过有关部门共同验收，按照规定的质量标准，逐项检查和鉴定完工后设备的精度、性能。只有全部达到修理质量标准，才能保证生产正常地进行。

为了缩短修理停歇时间，保证计划的实现，根据不同的情况应该采用先进的修理组织方法。该组织方法主要有下列三种：

（1）部件修理法

它是以设备的部件作为修理对象，修理时拆换整个部件。部件解体、配件装配和制造等工作放在部件拆换之后去完成，这样可以大大缩短修理停歇时间。部件修理法要求有一定数量的部件储备，要占用一些流动资金。这种方法比较适用于拥有大量同类型设备的企业。

部件修理法对机器设备的设计制造提出了新的要求。为便于修理，应把设备的部件设计成为“标准结构件”，还可以将若干分散的零件，组成一个小总成，使之成为整体部件，修理时拆换部件即可。

（2）分部修理法。

某些机器设备生产负荷重，很难安排充裕的时间大修，可以采用分部修理法。分部修理法的特点是：设备的各个部件不在同一时间修理，而是把设备的各个独立部分，有计划、按顺序分别安排进行修理，每次只修理其中一部分。分部修理法的优点是：可以利用节假日或非生产时间进行修理，以增加机器设备的生产时间，提高设备的利用率。分部修理法适用于构造上具有独立部件的设备以及修理时间比较长的设备，如组合机床、特重运输设备等。

（3）同步修理法。

它是指在生产过程中，把工艺上相互联系的几台设备安排在同一时间内进行修理，实现修理同步化，以减少分散修理的停机时间。同步修理法常用于流水生产线设备，联动设备中的主机、辅机以及配套设备。

随着生产专业化与协作的发展，设备维修也应按专业化原则进行组织。可以成立地区性的专业化设备维修厂和精密设备维修站，按照合同为地区各企业维修设备服务。由于专业化设备维修厂是将原来分散在各厂的维修力量集中起来，实行维修专业化。因此，可以在维修工作中采用先进的修理组织方法,可以采用先进技术和设备,从而提高设备维修效率,保证维修质量,降低维修成本。

2)直接参与维修活动的人员是哪些?

3)为了缩短修理停歇时间、保证计划的实现,根据不同的情况,应该采用先进的修理组织方法。该组织方法主要有哪些?

评价与分析

学习活动过程评价表

班级		姓名		学号	日期	年　月　日
序号	评价要点			配分	得分	总评
1	修复类别			15		A○(86~100) B○(76~85) C○(60~75) D○(60 以下)
2	小修的工作内容			10		
3	项修工作内容			10		
4	大修工作内容			10		
5	年度修理计划内容			15		
6	修理计划基础资料			10		
7	设备修理定额			10		
8	修理计划组织方式			20		
小结建议						